社交网络环境下密文计算与隐私保护关键技术研究

厉 鹏 著

中国矿业大学出版社

·徐州·

内 容 简 介

近年来,社交网络隐私保护研究得到了国内外学者的大量关注。本书面向社交网络中的隐私泄露问题,对社交网络环境下密文计算与隐私保护关键技术进行探讨。全书分为 6 章,第 1 章介绍社交网络环境下密文计算与隐私保护的研究背景;第 2 章介绍本书中需要用到的数学、密码学知识和可搜索加密相关技术;第 3 章给出一种社交网络环境下密态图结构计算协议;第 4 章给出一种社交网络环境下 Top-k 近邻关键词搜索方案;第 5 章给出一种社交网络环境下的基于图结构的好友推荐方案;第 6 章对相关研究工作进行总结与展望。

本书给出的协议、方案内容完整,可为从事社交网络隐私保护研究的研究生和学者提供借鉴,也可作为相关工程技术领域研究人员的参考资料。

图书在版编目(C I P)数据

社交网络环境下密文计算与隐私保护关键技术研究/
厉鹏著. 一徐州:中国矿业大学出版社,2022.6
　　ISBN 978 - 7 - 5646 - 5395 - 8

　　Ⅰ. ①社… 　Ⅱ. ①厉… 　Ⅲ. ①计算机网络—安全技术
—研究 　Ⅳ. ①TP393.08

中国版本图书馆 CIP 数据核字(2022)第 085133 号

书　　名	社交网络环境下密文计算与隐私保护关键技术研究
著　　者	厉　鹏
责任编辑	陈　慧
出版发行	中国矿业大学出版社有限责任公司
	(江苏省徐州市解放南路　邮编 221008)
营销热线	(0516)83884103　83885105
出版服务	(0516)83995789　83884920
网　　址	http://www.cumtp.com　E-mail:cumtpvip@cumtp.com
印　　刷	徐州中矿大印发科技有限公司
开　　本	787 mm×1092 mm　1/16　印张 7.75　字数 140 千字
版次印次	2022 年 6 月第 1 版　2022 年 6 月第 1 次印刷
定　　价	30.00 元

(图书出现印装质量问题,本社负责调换)

前　言

　　社交网络是目前人们维系社会关系和信息传播的重要渠道之一，已经成为很多人日常生活的重要组成部分。社交网络平台以人与人之间的多种社交关系为基础，为用户提供在线交友、信息发布、内容分享等服务。近年来，随着互联网和移动互联等技术的发展和普及，社交网络平台中的用户数量快速增长，海量的数据在社交网络中不断产生和流转，这些数据中蕴含着大量的商业和科研价值，促进了社交网络数据挖掘等技术的研究和发展。

　　基于云服务灵活的存储空间和强大的计算能力，社交网络服务商可以将其数据和相关计算外包至云服务器，进而降低本地存储和计算代价。然而，社交网络数据中通常包含大量敏感信息，如果云服务器遭到入侵和破坏，将导致严重的隐私泄露事故，因此基于云服务的社交网络数据隐私保护面临着严峻的挑战。近年来，社交网络隐私保护研究得到了国内外大量学者的关注。

　　本书面向社交网络中的隐私泄露问题，对社交网络环境下密文计算与隐私保护关键技术展开研究，主要研究工作与成果如下：

　　（1）在利用多个社交网络数据源进行联合数据挖掘时，通常需要先将多个数据源聚合为一个图结构。然而，在多个数据源聚合的过程中，每个社交网络服务商都不希望将自己社交网络中的敏感信息泄露给其他服务商。针对这个问题，本书提出了一种社交网络环境下密态图结构计算协议，能够允许两个社交网络服务商将各自的社交网络图结构进行加密，实现密态图结构交集/并集计算，满足隐私保护的需求。

　　（2）Top-k 近邻关键词搜索是社交网络数据挖掘中常用的搜索类型之一。由于其需要较高的计算代价，社交网络服务商可以将其外包给云服务器，以降低本地的计算资源开销。然而，云服务器通常是不可信的第三方实体，计算过程中存在着敏感信息泄露的风险。针对这个问题，本书提出了一种社交网络环境下的 Top-k 近邻关键词搜索方案。该方案基于可搜索加密的思想进行构建，支持社交网络服务商在云服务器上进行有隐私保护的高效搜索。与已有方案相比，该方案能够在结果中返回每个近邻节点对应的距离，同时具备高效的算法执行效率。

（3）好友推荐是社交网络中最常用的应用之一。然而，在大规模的社交网络中，随着用户数量的迅速增多，好友推荐计算将占用社交网络服务商大量本地计算资源。因此，社交网络服务商通常使用云计算来降低计算成本。但是，直接将社交网络数据和好友推荐计算外包给云服务器可能造成严重的隐私泄露风险。针对这个问题，本书提出了一种社交网络环境下基于图结构的好友推荐方案，支持云服务器基于密态图结构进行好友推荐计算，满足实际应用场景中的需求。

全书分为 6 章，第 1 章为绪论，介绍社交网络环境下密文计算与隐私保护的研究背景，国内外的相关研究现状；第 2 章为相关基础知识，对本书中需要用到的数学、密码学基础知识和可搜索加密相关技术进行介绍；第 3 章为社交网络环境下密态图结构计算协议，给出了协议的模型和基于同态加密的详细构建过程，在半诚实的威胁模型下对方案进行了安全性分析和证明，同时对方案的计算代价和通信代价进行了分析；第 4 章为社交网络环境下 Top-k 近邻关键词搜索方案，给出了方案的模型和基于同态加密和 2-hop 标签等关键技术的详细构建过程，在半诚实的威胁模型下证明了方案的安全性，同时对方案的代价和效率进行了分析；第 5 章为社交网络环境下的基于图结构的好友推荐方案，给出了基于可搜索加密思想设计的方案模型和详细的构建方法，同时对方案进行了正确性证明和安全性证明，并对方案的性能进行了分析；第 6 章为总结与展望，对本书的研究工作进行总结，并展望后续的研究目标和方向。

本书在撰写的过程中得到了我的博士生导师、东北大学周福才教授的悉心指导和海南大学徐紫枫老师的支持、帮助，并且得到了辽宁省教育厅科学研究经费项目（LJKR1119）的资助，在此表示诚挚的谢意。本书参考、引用了国内外相关文献的内容，在此对原作者表示衷心的感谢。

由于作者水平有限，书中难免存在疏漏与不当之处，恳请同行专家和读者批评指正。

著 者
2022 年 1 月

目　　录

第 1 章　绪论 …………………………………………………………… 1

1.1　研究背景 ………………………………………………………… 1

1.2　研究现状 ………………………………………………………… 2

1.3　存在的问题 ……………………………………………………… 8

1.4　研究内容和创新点 ……………………………………………… 9

1.5　本书的组织结构 ………………………………………………… 11

第 2 章　相关基础知识 ………………………………………………… 13

2.1　数学基础 ………………………………………………………… 13

2.2　密码学基础和算法 ……………………………………………… 16

2.3　可搜索加密 ……………………………………………………… 19

2.4　安全多方计算 …………………………………………………… 22

2.5　安全模型 ………………………………………………………… 23

2.6　数据结构 ………………………………………………………… 25

2.7　本章小结 ………………………………………………………… 26

第 3 章　社交网络环境下密态图结构计算协议 ……………………… 27

3.1　引言 ……………………………………………………………… 27

3.2　协议模型 ………………………………………………………… 29

3.3　协议详细描述 …………………………………………………… 32

3.4　协议正确性和安全性证明 ……………………………………… 43

3.5　协议代价分析 …………………………………………………… 50

3.6　仿真实验 ……………………………………………………… 52

3.7　本章小结 ……………………………………………………… 56

第 4 章　社交网络环境下 Top-*k* 近邻关键词搜索方案 …………… 57

4.1　引言 …………………………………………………………… 57

4.2　方案模型 ……………………………………………………… 58

4.3　方案详细构造 ………………………………………………… 64

4.4　方案正确性和安全性证明 …………………………………… 70

4.5　方案代价分析 ………………………………………………… 74

4.6　仿真实验 ……………………………………………………… 75

4.7　本章小结 ……………………………………………………… 79

第 5 章　社交网络环境下基于图结构的好友推荐方案 …………… 80

5.1　引言 …………………………………………………………… 80

5.2　方案模型 ……………………………………………………… 82

5.3　方案详细构造 ………………………………………………… 87

5.4　方案正确性和安全性证明 …………………………………… 93

5.5　方案代价分析 ………………………………………………… 97

5.6　仿真实验 ……………………………………………………… 99

5.7　本章小结 ……………………………………………………… 102

第 6 章　总结与展望 …………………………………………………… 103

6.1　工作总结 ……………………………………………………… 103

6.2　工作展望 ……………………………………………………… 104

参考文献 ………………………………………………………………… 106

第 1 章　绪　　论

1.1　研究背景

随着互联网技术的发展和普及,社交网络服务快速发展,国内外涌现了大量的社交网络平台,社交网络逐渐成为很多人日常生活中不可或缺的一部分[1]。社交网络是一种以在线好友关系作为基础,通过用户之间共同的兴趣、爱好、活动、特征或真实人际关系等因素在网络空间中形成的复杂社会关系网络[2]。社交网络经过 20 多年的发展,其形态也在不断发生变化。早期的社交网络平台大多以现实生活中的社会关系作为基础,为家人、朋友、同学、同事之间提供综合性的社交服务,例如 Facebook、人人网、开心网等。近几年社交网络发展的趋势逐渐转向垂直社交,专注于特定领域的社交网络平台不断涌现。此类社交网络平台相较于综合性社交网络的用户群体更加细化,并且用户群体之间的关联性更强,社交关系更加紧密。近年来社交网络平台的用户量迅速增长,2019 年全球社交网络的用户规模已经接近 30 亿人,占互联网用户数量的77.5％,并预计在未来 5 年中持续增长[3]。在大数据的时代背景下,庞大的用户群体在社交网络平台会产生海量的数据,并在社交网络的用户之间进行快速的流转。这些数据中包含丰富的数据类型,包括文本、图像、音频、视频等,蕴含着大量的商业价值和科研价值[4-5],基于社交网络数据的数据挖掘等数据分析工作将促进社交网络服务的迅速发展。然而,随着社交网络规模的不断增大,相关数据分析工作将耗费社交网络服务商越来越多的本地计算资源。因此,大量服务商选择将其社交网络数据和相关计算外包至云服务器,利用云服务器灵活的存储空间和强大的计算能力,释放其本地存储和计算压力。

然而,云服务在提供便捷的计算服务的同时,也带来了严峻的安全与隐私问题。云服务器同时面临着来自外部和内部的安全威胁,未经授权的用户可能利用云服务器的漏洞,非法窃取社交网络中的敏感信息,从而造成隐私滥用等威胁。云服务器内部的数据管理员也可能会泄露或贩卖社交网络用户信息,以获取个人利益。近几年,全球范围内社交网络隐私泄露事件频发,例如 2018 年 Facebook 社交网络平台出现了大规模的用户信息泄露事件,可能受影响的用户数量达到 5 000 万,对社会造成了严重的不良影响。社交网络平台普遍以用户作为核心,社交网络数据包含大量的用户敏感信息,例如个人账号信息、位置信息、社会关系信息、社会活动记录等。如果直接将社交网络数据交给云服务器进行计算,可能导致用户个人信息泄露甚至被非法利用等后果。因此,如何在云计算过程中,实现社交网络数据的隐私保护,是一个重要的研究课题。

根据社交网络的结构特点,可以使用图结构表达社交网络数据,进而使用多种图算法来实现不同的数据分析。在图结构数据中,节点通常用来表示社交网络中的实体,例如用户或组织,边用来表示实体之间的社交关系,例如好友或关注。在进行基于图结构的数据分析时,根据不同的场景和计算类型,存在多种不同的隐私泄露问题,包括多个社交网络服务商进行联合数据挖掘时的图结构聚合计算隐私泄露问题、社交网络数据挖掘过程中常用的 Top-k 近邻关键词搜索的隐私泄露问题、社交网络平台进行好友推荐服务过程中的隐私泄露问题等。

针对上述问题,本书围绕社交网络数据的隐私保护需求,面向多种应用场景,对社交网络密文计算与隐私保护关键技术展开研究。

1.2　研究现状

针对社交网络中的隐私泄露问题,近年来国内外学者对社交网络隐私保护和密文计算技术进行了深入的研究,并形成了很多研究成果。

1.2.1　社交网络隐私保护研究现状

在进行社交网络数据挖掘前,社交网络服务商通常需要将图结构的社交网络数据提供给第三方机构(科研机构和广告服务商等),以进行多种数据挖掘任务,以上过程称为社交网络的数据发布(Social Network Data Publication)[6-7]。为了防止社交网络数据发布的过程中泄露社交网络中的隐私信息,通常需要在发布前对社交网络的图结构进行隐私保护[8-9]。2008 年,Zhou 等[10]对社交网络图结构中的隐私进行了定义,包括节点存在性、节点属性、敏感节点标签、节点间的连接关系、边的权重、敏感边标签和图结构度量指标等。社交网络隐私保护研究主要关注如何保护以上的社交网络隐私信息。下面对常见的社交网络隐私保护技术进行介绍与分析。

(1)基于 k-anonymity 模型的社交网络隐私保护技术

k-anonymity 是由 Samarati 和 Sweeney[11] 在 1998 年提出的数据匿名化技术,其核心思想是确保发布的数据集中,每个数据个体无法与其他 $k-1$ 个数据个体区分。k-anonymity 是数据隐私保护中最常用的方法之一,对后续研究产生了深远的影响,并且应用于很多实际场景,包括社交网络隐私保护[12]。

2007 年,Hay 等[13] 提出了一种利用边随机修改技术来实现社交网络图结构匿名的方案,并分析了匿名化程度和信息丢失之间的关系和取舍。2008 年,Liu 和 Terzi[14] 指出攻击者可以使用社交网络图结构中节点的度对匿名后的图结构进行攻击,并提出了一种 k-degree 匿名化方法。该方法能够确保匿名后的图结构中,每个节点的度至少与其他 $k-1$ 个节点相同。同年,Zhou 和 Pei[15] 定义了一种邻居攻击的匿名社交网络图结构攻击方法,并提出了一种 k-neighborhood 的匿名化方法。邻居攻击指的是攻击者对图结构中的某个节点具有一定的背景知识,并将该节点和其所有的邻居节点组成一个子图,然后使用该子图在匿名后的图结构中获取隐私信息。在 k-neighborhood 方法中,每个节点和其所有的邻居节点组成的子图至少与其他 $k-1$ 个节点所对应的子图同构,从而防止邻居攻击。2009 年,Lei 等[16] 针对子图匹配问题提出了一种 k-automorphism 匿名化方法,当攻击者使用子图同构算法对社交网络的图结构进行攻击时,该方法能够至少返回 k 个不同的子图。另外,该方法能够实现对发布后的匿名图结构进行动态更新,避免重新发布所造成的隐私泄露问题。2010 年,Hay 等[17] 对 3 类社交网络图结构隐私风险进行了分析和量化,并提出了一种通用图结构的匿名化方法。该方法能够在确保图结构匿名性的同时,实现多种不同的数据挖掘任务,且该方法与 k-automorphism 具有等价的安全性。2015 年,Liu 等[18] 针对加权社交网络提出了一种抵抗邻居攻击的 k-anonymity 匿名化方法。相对于其他同类研究,该方法减少了匿名图结构中所需要的虚拟边,并且对于边的权重的修改更少。2019 年,Yuan 等[19] 基于 k-degree 提出了一种 k-subgraph社交网络图结构匿名化方法。该方法使用标签传播算法将图结构中的节点分为多个集群,然后将图结构中的边进行移动来构建新的子图,以实现 k-degree 方法的安全性。实验表明,该方法能够更好地保持图结构的稳定性。

（2）基于随机化的社交网络隐私保护技术

随机化是数据隐私保护的常用技术之一，在社交网络中，通常使用基于边的随机化策略对社交网络的图结构进行隐私保护[20-21]。

2008 年，Liu 等[22]针对社交网络中的敏感边和权重提出了两种隐私保护方案，分别基于高斯随机化和贪婪扰动构建。这两种方案能够在对社交网络图结构进行匿名化的同时，保持两节点之间的最短路径长度，但是计算复杂度太高，无法适用于真实应用场景。同年，Ying 等[23]提出了一种社交网络随机化方法，该方法在图结构中随机删除或添加若干边，并且随机将两条边进行交换。该方法能够有效地对图结构进行匿名化处理，但其大幅改变了图结构中的结构特征，降低了匿名化后图结构的可用性。2012 年，许黎明等[24]提出了一种基于谱半径和特征显著性约束的社交网络随机化方法。该方法基于无符号拉普拉斯矩阵构建，并通过谱的界值及特征显著性对图结构的随机化程度进行约束。同年，Xue 等[25]提出了一种社交网络随机化方法。在该方法中，社交网络图结构中的每条边以一个固定的概率被删除，然后向图结构中不相连的节点之间随机添加相同数量的边。著者曾经过分析证明，如果合法的用户知道随机化过程中所使用的概率，则可以恢复出原始图结构中的大部分结构信息。同年，Mittal 等[26]提出了一种基于随机游走的社交网络图结构随机化方法，并提出了对随机化后的图结构的可用性量化指标。在该方法中，对于图结构中的两个邻接节点 i 和 j，它们之间的边的终点被替换为 u，u 是从 j 出发的随机游走路径的终点。2014 年，Brankovic 等[27]利用将社交网络图结构中的三角形进行随机位置变换设计了一种随机化方法。该方法首先在图结构中随机选择三角形，并删除其中的一条边，直到图结构没有三角形为止，然后将被删除的边在随机的位置中添加回图结构。该方法的构建思路简单，其复杂度与图结构中的三角形个数呈线性关系。2015 年，Milani Fard 等[28]提出了一种能够维持社交网络结构的随机化方法。在该方法中，社交网络图结构中的每条边有一定概率被修改，修改方法为将该边的终点替换为起点的另一个邻接节点。著者曾对随机化的概率和图结构的稳定性进行了权衡和分析，并在真实的社交网络数据中进行了实验。

1.2.2　社交网络密文计算研究现状

社交网络数据通常以图结构进行存储，并使用多种图论算法实现不同的数据挖掘任务[29-30]。为了避免数据挖掘中泄露社交网络数据的隐私信息，可以使用基于图结构的密文计算技术。社交网络服务商首先将图结构的社交网络数据进行加密,再使用密文与第三方机构或实体共同进行数据挖掘任务[31]。

（1）基于安全多方计算的社交网络隐私保护研究现状

2008 年,Kerschbaum 和 Schaad[32] 提出了一种隐私保护的社交网络犯罪调查分析协议。该协议允许社交网络服务商和其他第三方机构共同进行犯罪调查,同时在调查过程中不直接交换各自的敏感信息。方案基于可交换加密和同态加密构建,并使用 Floyd-Warshall 算法来计算图结构中每对节点之间的最短路径。在安全性方面,第三方机构在协议中仅能获取犯罪度量指标,实现了社交网络数据的隐私保护。同年,Zhan[33] 和 Blosser[34] 等面向对多个社交网络进行聚合社交网络数据挖掘的需求,提出了解决多个社交网络聚合的安全多方计算协议。该协议能够确保每个参与实体在社交网络的聚合过程中都无法获取关于其他实体所持有的隐私信息,同时使每个实体都能够在聚合的结果中实现获益。2011 年,Jeckmans 等[35] 提出了一种基于公钥加密算法、代理重加密和数字签名的社交网络档案匹配方案。该方案允许社交网络中的用户和社交网络服务商之间计算该用户与其他用户之间的接近程度,可以应用于好友推荐等服务,同时能够确保计算过程中不泄露关于社交网络中用户的隐私信息。2014 年,Xie 等[36] 在云计算环境下提出了一种隐私保护的图结构数据挖掘方案,可以实现图结构聚类系数计算和 PageRank 算法等应用。该方案基于同态加密构建,能够确保密态图结构数据挖掘的正确性。著者曾使用真实的社交网络数据对该方案进行了仿真实验,验证了方案的有效性和高效性。2016 年,Kukkala 等[37] 提出了一种隐私保护的分布式社交网络数据挖掘协议,能够在多个不互相信任的参与者之间实现图结构度分布、接近中心度、PageRank 算法、K-shell 分解算法计算。该协议基于安全多方计算的思想构建,协议中不需要中心化的可信第三方实体,并且可以保证在计算过程中不泄露各个实体所持有的社交网络的拓扑结构信息。2019 年,Gao 等[38] 提出了一种隐私保护的社交网络用户档案匹配方案,能够计算社交网络中用户之间的接近程度,可以用于好友推荐的应用。该方案使用代理重加密和加法同态加密算法构建,同时可以实现对多密钥的高效管理。著者曾在半诚实的威胁模型下证明了该方案的安全性,确认方案在计算过程中不向两个互不共谋的第三方服务器泄露关于社交网络的隐私数据。2020 年,Xu 等[39] 指出在现实生活中很多犯罪嫌疑人通过社交网络进行互相通信,并针对此问题提出了一种基于社交网络数据的犯罪嫌疑人检测方案。该方案基于茫然传输协议、密文比较协议和决策树等关键技术构建,能够允许授权的实体（执法机构）对社交网络数据进行查询,同时在查询过程中不泄露隐私信息。

（2）基于可搜索加密的社交网络隐私保护研究现状

大部分社交网络平台都对用户提供数据共享的服务，因此用户会将大量的数据存储至社交网络服务商。可搜索加密计算能够有效地保护这些数据的隐私信息，同时向用户提供多样化的搜索功能[40]。另外在社交网络数据挖掘研究领域中，通常需要对图结构的社交网络数据进行多种不同的搜索，同时需要确保图结构在搜索过程中不泄露任何隐私信息，因此基于图结构的可搜索加密技术十分适合应用于社交网络数据挖掘中。

可搜索加密最早由 Song 等[41]在 2000 年提出。可搜索加密方案能够允许数据拥有者将隐私数据进行加密，并外包存储至非可信的第三方机构，同时保持对密态数据的搜索功能。可搜索加密根据所基于的加密算法可以分为对称可搜索加密（SSE）和非对称可搜索加密（ASE）。在对称可搜索加密方案中，只有数据拥有者可以对外包的密态数据进行搜索；而在非对称可搜索加密方案中，多个用户可以在取得数据拥有者的授权后对密态数据进行搜索。

可搜索加密已有 20 余年的研究历史，国内外学者的研究方向主要集中在可搜索加密的搜索语句表达性、安全性和效率三个方面。搜索语句表达性指的是可搜索加密方案能够支持的搜索语句类型。早期的可搜索加密方案仅支持单关键词搜索[41]，搜索语句较为单一且不够灵活。面向现实应用中对多种搜索类型的需求，近年来研究者提出了支持连接关键词搜索[42-44]、多关键词布尔搜索[45-47]、排序搜索[48-50]、可验证搜索[51-53]、模糊搜索[54-56]等搜索类型的可搜索加密方案。在安全性方面，Curtmola 等[57]在 2006 年首次定义了可搜索加密的安全模型，并提出了自适应性选择关键词攻击（IND-CKA2）安全定义。2016 年和2017 年，Bost 等[58-59]针对动态可搜索加密方案提出了前向和后向安全性。在效率方面，Cash 等[60]在 2014 年针对大规模数据库构建了高效的动态可搜索加密方案，能够在上亿级别的密态文件数据库中实现高效的关键词搜索。2017年，Kamara 等[61]构建了一种支持任意布尔结构的可搜索加密方案，能够实现亚线性的搜索复杂度。

近几年，研究者提出了多个基于图结构的可搜索加密方案，此类方案面向图结构构建，能够支持多种不同的图结构搜索类型，包括子图搜索[62]、最短距离和路径搜索[63-68]以及 Top-k 近邻关键词搜索[69]等。图结构的可搜索加密方案能够适用于社交网络隐私保护的应用场景，因为在进行社交网络数据挖掘时通常都将社交网络数据表达为图结构。在 2010 年，Chase 和 Kamara[70]首次提出了结构化加密的概念,并构建了能够支持邻接节点查询和邻接关系查询的图结构可搜索加密方案。

2011 年,Cao 等[62]提出了一种安全内积计算方法,并基于此设计了一种图结构可搜索加密方案,能够实现子图搜索。子图搜索是社交网络数据挖掘中常用的搜索类型之一,可以用来衡量两个用户在社交网络中的接近程度。该方案首先根据原始图结构的特征构建安全索引,然后使用过滤并验证的方法实现子图搜索过程。然而该方案在搜索结束后需要用户进行额外计算,以消除搜索结果中的假阳性结果,因此用户的计算代价较大。2015 年,Meng 等[63]首次提出了能够支持最短距离搜索的图结构可搜索加密方案。最短距离搜索被广泛用于社交网络拓扑结构分析中,是很多社交网络数据挖掘应用的基础组成部分[71]。该方案使用距离预言机构建,但仅能实现近似的搜索结果,无法返回两节点之间精确的距离,并且在一些情况下误差较大。2016 年,Zhu 等[72]针对近邻搜索问题提出了一种图结构可搜索加密方案。该方案使用 TF-IDF 计算节点的权值,并在搜索时根据节点的权值对搜索结果进行排序。2017 年,Wang等[64]提出了一种支持精确最短距离搜索的图结构可搜索加密方案。该方案基于同态加密和扰乱电路构建,并相较于文献[63]的方案实现了更好的计算和存储效率。著者曾在随机预言模型下对该方案进行了安全性证明,并在真实的图结构数据集中进行了仿真实验。同年,Shen 等[65]针对加权图结构构建了一种支持近似约束最短距离查询的图结构可搜索加密方案。该方案基于 2-hop 标签设计安全索引,能够在阈值约束的条件下实现近似最短距离搜索。在搜索过程中,使用了树结构的密文比较协议,并且可以根据树结构的深度在搜索结果准确性和搜索效率之间进行权衡。同年,Liu 等[69]提出了一种支持 Top-k 近邻关键词搜索的图结构可搜索加密方案。Top-k 近邻关键词搜索能够在图结构中搜索距离某个特定节点最近的 k 个近邻节点,适用于基于地理位置的社交网络数据挖掘[73-74]。该方案基于 2-hop 标签和倒排索引结构构建,并使用保序加密算法实现搜索过程中的距离比较,但在搜索结果中无法返回每个近邻节点的准确距离。2018 年,Liu 等[66]基于 2-hop 标签和保序加密提出了一种支持近似约束最短距离查询的图结构可搜索加密方案。与文献[65]的方案相比,该方案实现了更高的效率,但在准确性方面略有下降。2020 年,Wu 等[67]构建了一个支持排序路径搜索的图结构可搜索加密方案。该方案在构建安全索引时预先计算图结构中每两个节点之间的路径,因此可以实现快速的搜索过程,但用户在构建安全索引时的计算开销较大。同年,Zhang 等[68]使用同态加密算法和双服务器架构提出了一种图结构可搜索加密方案，可以支持精确约束最短距离查询。相比于文献[65]和[66]的方案，该方案能够返回准确的最短距离查询结果，且查询效率更高，但需要引入额外的实体。

1.3　存在的问题

面向社交网络的隐私泄露问题，国内外研究学者近年开展了深入的研究，并针对各种不同的应用场景提出了一些隐私保护方案。然而，现有研究成果仍然存在一些不足，无法解决社交网络中的很多实际问题，主要包括：

（1）利用交集/并集计算将多源社交网络图结构聚合，可以有效提高数据分析准确性，使数据资源最大化。然而，社交网络数据包含大量用户隐私信息，不同的社交网络服务商之间通常不会直接进行数据共享，以避免隐私信息泄露的风险。目前大多数已有方案可以支持参与者双方进行图结构聚合，但没有考虑图结构隐私问题，即参与数据聚合的服务商可以知道对方的图结构数据。因此，需要构建一种密态图结构交集/并集计算协议，使得各服务商在不向彼此泄露数据隐私的基础上，实现图结构聚合。

（2）Top-k 近邻关键词搜索是社交网络服务中常用的计算类型之一，可以用于判断好友关系等实际应用。社交网络服务商将密态图结构和搜索外包至云服务器，能够降低本地存储和计算代价。目前已有方案提出了基于可搜索加密技术的 Top-k 近邻关键词搜索方案，实现密态图结构的可用性和隐私保护。然而，大多数已有方案的功能性不够完善，仅能返回 Top-k 搜索结果，但不能返回各搜索结果对应的距离，无法适用于很多实际应用场景。距离是 Top-k 近邻关键词搜索问题中的重要信息，可以分析该关键词在社交网络的流行度。因此，需要构建一种面向密态图结构的 Top-k 近邻关键词搜索方案，可以在保证图结构数据隐私的基础上，使得云服务器返回 Top-k 搜索结果以及相应距离。

（3）好友推荐是社交网络中的核心功能之一，可以向社交网络中的用户推荐潜在好友。随着社交网络中用户数量的不断增加，社交网络服务商需要耗费越来越多的计算资源执行好友推荐计算。将密态图结构和好友推荐计算外包至云服务器，可以有效缓解服务商的计算资源需求。然而，社交网络环境下的大多数好友推荐算法无法支持基于密态图结构的计算，而少部分支持密态图结构的好友推荐算法仍存在隐私泄露的问题，例如，泄露图结构各节点的邻接节点信息。因此，如何设计一种社交网络环境下的好友推荐方法，在满足社交网络数据隐私保护的基础上,支持基于密态图结构的好友推荐计算是一个重要的研究课题。

1.4　研究内容和创新点

1.4.1　研究内容

针对社交网络中存在的隐私泄露问题,本书对社交网络环境下的密文计算与隐私保护关键技术展开研究,主要研究内容包括:

(1)针对社交网络图结构聚合过程中的数据隐私问题,提出一种社交网络环境下密态图结构计算协议,使得参与协议的双方服务商在保护各自图结构隐私信息的基础上,可以协同计算图结构聚合结果。首先,设计协议模型,包括形式化定义和安全性定义,并在安全性定义中明确协议的安全目标、威胁模型以及泄露函数。然后,给出协议的详细构建过程,包括基于同态加密和不经意多项式求值的详细计算和交互过程,并对此协议进行安全性证明。最后,对协议的计算代价和通信代价进行分析,并利用真实数据集进行仿真实验。

(2)针对社交网络结构的 Top-k 近邻关键词搜索及隐私问题,提出一种社交网络环境下的 Top-k 近邻关键词搜索方案,支持云服务器对密态图结构执行隐私保护的 Top-k 近邻计算,并返回搜索结果及其相应距离。首先,设计方案模型,包括方案的形式化定义和安全性定义。然后,进行方案的具体构建,基于 2-hop 标签设计图结构预处理算法,并基于同态加密算法和字典结构构建安全索引,以在密态图结构中实现高效的搜索过程。在半诚实的威胁模型下,使用真实环境实验和模拟环境实验证明方案满足自适应选择查询攻击安全性。最后,对方案进行存储代价、计算代价和通信代价分析,并使用真实的社交网络数据集对方案进行仿真实验。

(3)针对社交网络图结构的好友推荐计算及隐私问题,提出一种社交网络环境下基于图结构的好友推荐方案,能够在不向云服务器泄露各节点的邻接好友信息的基础上,实现基于密态图结构的好友推荐计算。首先,给出方案架构、形式化定义以及安全性定义。然后,对方案进行具体构建,基于同态加密算法和字典结构设计安全索引生成算法,在保护图结构数据隐私的同时实现好友推荐计算。最后,对方案的正确性和安全性进行证明,分析方案计算代价、存储代价和通信代价,并利用真实数据集对方案进行仿真实验和结果分析。

研究方案框架如图 1-1 所示。

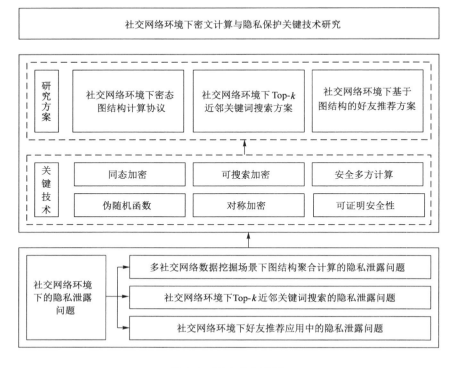

图 1-1 研究方案框架

1.4.2 创新点

在社交网络密文计算和隐私保护研究领域中，相对于国内外现有的研究，本书的研究工作主要具有如下 3 个创新点：

（1）提出了一种社交网络环境下密态图结构计算协议，能够允许两个社交网络服务商将自己的社交网络数据转换为图结构，并在隐私保护的前提下计算两个图结构的交集和并集。在半诚实威胁模型下证明了协议的隐私保护性，能够支持参与协议的双方无法在计算和交互过程中获取对方图结构的隐私信息，实现了较高安全性。安全性证明和仿真实验表明该协议可以应用于多源社交网络聚合的应用场景，同时可以有效解决隐私泄露问题。

（2）提出了一种社交网络环境下的 Top-k 近邻关键词搜索方案，在实现密态图结构的可用性和隐私保护的基础上，支持面向密态图结构的 Top-k 近邻计算，并可以同时返回搜索结果及其相应距离，解决目前已有方案仅能返回 Top-k 搜索结果，而不能返回各搜索结果对应距离的问题，更加适用于社交网络中的好友推荐和广告推送等应用场景。在半诚实的威胁模型下对提出的方案进行了安全性分析，证明了方案能够满足自适应选择查询攻击安全性。基于真实数据集的仿真实验表明该方案具有高效的算法执行效率，可以满足现实应用需求。

（3）提出了一种社交网络环境下基于图结构的好友推荐方案，允许社交网络服务商将社交网络图结构进行加密并外包存储至云服务器。同时，基于同态加密算法构建安全索引，利用协同服务器进行辅助计算，进而在避免节点邻接好友信息等隐私泄露的基础上，允许云服务器在密文图结构中进行好友推荐计算。基于真实环境实验和模拟环境实验，证明了方案在半诚实的威胁模型下满足自适应选择查询攻击安全性。

1.5　本书的组织结构

全书共分为 6 章，结构如图 1-2 所示。

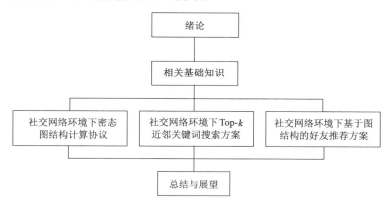

图 1-2　本书的组织结构

第 1 章，绪论。介绍社交网络环境下密文计算与隐私保护的研究背景，分析社交网络在聚合、Top-k 近邻关键词搜索以及好友推荐场景下对隐私保护的需求；介绍近几年国内外的相关研究进展，提出现有研究中存在的问题；最后给出本书的研究内容和创新点，并说明全书的组织结构。

第 2 章，相关基础知识。对本书中需要用到的基础知识和相关技术进行介绍,包括数学基础、密码学算法、可搜索加密、安全多方计算、安全模型和数据结构。

第 3 章,社交网络环境下密态图结构计算协议。提出一种隐私保护的图结构交集和并集计算协议,能够允许两个社交网络服务商在隐私保护的前提下计算两个社交网络图结构的交集和并集。首先给出协议的模型,然后对协议的具体计算和交互过程进行详细描述,最后对方案进行安全性证明和效率分析,并使用真实的社交网络数据集进行仿真实验。

第 4 章,社交网络环境下 Top-k 近邻关键词搜索方案。提出一种基于图结构可搜索加密的社交网络隐私保护方案,能够在隐私保护的前提下实现 Top-k 近邻关键词搜索,并同时返回搜索结果及其相应距离。首先对方案的模型进行描述,包括形式化定义和安全性定义,然后给出方案的详细构造,并对正确性和安全性进行证明,最后分析方案的效率,并进行仿真实验。

第 5 章,社交网络环境下的基于图结构的好友推荐方案。基于图结构可搜索加密的思想提出一种隐私保护的好友推荐方案,能够在好友推荐的计算过程中保护社交网络中的隐私信息。首先描述方案的模型设计,然后使用同态加密和字典结构对方案进行详细构建,最后对方案的计算代价和存储代价进行分析,并进行仿真实验。

第 6 章,总结与展望。对本书的研究工作进行总结,并展望后续的研究目标和方向。

第 2 章　相关基础知识

本章介绍本书所使用的相关基础知识,主要包括数学基础、密码学基础和算法、可搜索加密、安全多方计算、安全模型和数据结构。

2.1　数学基础

2.1.1　基本概念

定义 2.1　多项式时间算法:设 $A(k)$ 为一个算法,其中 k 为算法的输入,如果 A 在最差情况下的计算复杂度为 $O(k^c)$,其中 c 是一个大于 0 的常数,那么称该算法为多项式时间(Polynomial Time,PT)算法。通常认为,若一个问题可以使用确定性的多项式时间算法解决,那么该算法被认为是高效、可行的。属于多项式时间的算法通常被认为可以部署于真实应用场景。

定义 2.2　概率多项式时间算法:设 $A(x)$ 为一个多项式时间算法,若该算法中存在随机选择的过程,其中随机选择是没有偏向性的,并且随机选择的次数最多是多项式级的,那么称该算法是概率多项式时间(Probabilistic Polynomial Time,PPT)算法。概率多项式时间算法最重要的特征是不可再现性,它在密码学领域得到广泛应用。

定义 2.3　可忽略函数:对于一个函数 $negl(x)$,如果对于任意一个多项式 $ploy(x)$,存在一个正整数 N,使得对于所有的整数 $x>N$,满足 $negl(x)<1/poly(x)$,那么称该函数是可忽略函数。现代密码学中,通过在数学上证明一个安全技术或方案的失败概率是关于安全参数的一个可忽略函数来证明其安全性。

定义 2.4　协议:对于 n 个实体 $p_1,p_2,\cdots,p_n$,定义 $P(p_1,p_2,\cdots,p_n)$ 为一个

协议。在协议中，每个实体使用各自的输入 $x_1, x_2, \cdots, x_n$ 执行各自的算法 $A_1(x_1), A_2(x_2), \cdots, A_n(x_n)$，并在计算过程中遵守协议，步骤相互间进行信息交互，最后共同输出计算结果 y。在本书中，如果协议的各参与实体和每个实体的输入都已经被明确定义，则将协议简写为 $P(x_1, x_2, \cdots, x_n) = y$。

2.1.2　图论基础

图论是组合数学的重要分支，其主要研究对象是图（graph）。图由若干节点（vertex）和若干边（edge）组成。图中的点也被称为顶点或节点，图中的每条边连接两个节点。图通常用来描述事物之间的关系，节点表示事物，边表示两个事物之间的特定关系。在本书中，将图表示为 $G = (V, E)$，其中 V 是图中所有节点的集合，E 是图中所有边的集合。定义 $V = \{v_1, v_2, \cdots, v_n\}$，其中 v_i 是节点的标识符，$|V| = n$ 是节点的数量；定义 $E = \{e_1, e_2, \cdots, e_n\}$ 为边的集合，其中 $e_i = (v_s, v_t)$ 表示连接 v_s 和 v_t 的一条边。

定义 2.5　有向图：若图 G 中的边是有方向的，则称 G 为有向图。在有向图中，对于一条边 $e = (v_s, v_t)$，称 v_s 是 e 的起点，v_t 是 e 的终点。

定义 2.6　无向图：若图 G 中的边是没有方向的，则称 G 为无向图。在无向图中，对于一条边 $e = (v_s, v_t)$，v_s 和 v_t 的位置可以互相调换，即 $e = (v_s, v_t) = (v_t, v_s)$。

定义 2.7　加权图：若图 G 中的每条边存在一个权重 $W(e) = w$，则称 G 为加权图。在加权图中，可以把边表示为 $e = (v_s, v_t, w)$。

定义 2.8　非加权图：若图 G 中的每条边不存在权重，则称 G 为非加权图。在非加权图中，每条边的长度被视为是相同的。

定义 2.9　简单图：若图 G 中任意两节点之间最多只存在一条边，且不包含起点和终点相同的边，则称 G 为简单图。

定义 2.10　完全图：对于一个简单图 G，如果任意两个节点之间都有一条边进行连接，则称 G 为完全图。一个完全无向图边与节点数量关系是 $|E| = |V|(|V| - 1)/2$，一个完全有向图边与节点数量关系是 $|E| = |V|(|V| - 1)$。

定义 2.11　路径：对于一个图 G，定义路径 p 是一个由多个节点组成的集合 $p = \{v_1, v_2, \cdots, v_m\}(v_i \in V)$，其中 $|p| = m$ 为路径的长度，v_1 为 p 的起点，v_m 为 p 的终点。p 满足以下条件：对于集合里任意两个相邻的节点 (v_i, v_j)，在图 G 中都存在一条边 $e = (v_i, v_j)$ 将它们连接。

在图论中，存在很多图论算法，可以解决图论中的各种计算问题。下面对图论中的常见算法进行介绍。

（1）图遍历算法：对于一个图 G 和其中的一个指定节点 v，图遍历算法根据 G 中的边进行遍历，直到 G 中所有 v 能够到达的节点（v 与该节点间至少存在一条路径）都被遍历过至少一次。目前常用的图遍历算法包括深度优先搜索算法（DFS）和广度优先搜索算法（BFS）。

（2）图交集计算算法：对于两个图 G_1 和 G_2，计算两个图的交集 G_I，G_I 中包含同时存在于 G_1 和 G_2 的节点，以及同时存在于 G_1 和 G_2 中的边。设 $G_1 = (V_1, \boldsymbol{E}_1)$，$G_2 = (V_2, \boldsymbol{E}_2)$，图交集计算算法的输出为 $G_I = G_1 \bigcap G_2 = (V_I, \boldsymbol{E}_I)$，其中 $V_I = V_1 \bigcap V_2$，$\boldsymbol{E}_I = \boldsymbol{E}_1 \bigcap \boldsymbol{E}_2$。

（3）图并集计算算法：对于两个图 G_1 和 G_2，计算两个图的并集 G_U，G_U 中包含至少存在于 G_1 或 G_2 之一的节点，以及至少存在于 G_1 或 G_2 之一的边。设 $G_1 = (V_1, \boldsymbol{E}_1)$，$G_2 = (V_2, \boldsymbol{E}_2)$，图并集计算算法的输出为 $G_U = G_1 \bigcup G_2 = (V_U, \boldsymbol{E}_U)$，其中 $V_U = V_1 \bigcup V_2$，$\boldsymbol{E}_U = \boldsymbol{E}_1 \bigcup \boldsymbol{E}_2$。

（4）最短路径/距离算法：对于一个图 G 和两个节点 (s, t)，最短路径算法计算并输出 G 中的一条路径 $p = \{s, \cdots, t\}$。p 满足以下条件：G 中不存在任何其他路径 p'，使得 p' 的距离小于 p 的距离（$|p'| < |p|$）。加权图的路径距离是路径中包含的所有边的权重之和，非加权图的路径距离是路径中包含的边的数量。

（5）邻接关系查询算法：对于一个图 G 和其中的两个节点 (v_1, v_2)，如果 G 中存在至少一条边 $e = (v_1, v_2)$，则邻接关系查询返回 1，否则返回 0。

（6）邻接节点查询算法：对于一个图 G 和其中的一个指定节点 v，邻接节点查询算法查找并输出一个集合 $N = \langle v_1, v_2, \cdots, v_n \rangle$（$v_i \in V$）。$N$ 满足以下条件：对于任意 $v_i \in N$，G 中存在一条边 $e = (v, v_i)$。

（7）2-hop cover 标签算法：2-hop cover 标签[75]是一种数据结构，对于一个图 G，2-hop cover 标签算法对其进行预处理，计算出任意联通的两节点之间的最短距离，并存储于起点的 2-hop cover 标签中，其目的是快速地查询 G 中两节点之间的最短距离。对图 G 中的每个节点 v，2-hop cover 标签中包含一个集合 $Lab(v) = \{(u, d)\}$，其中 u 是 v 在图 G 中能够到达的一个节点（G 中存在至少一条路径 $p = \{v, \cdots, u\}$），d 是 v 和 u 之间的最短距离。2-hop cover 标签需要满足：对于 G 中任意的两个节点 s 和 t，2-hop cover 标签中至少存在一个节点 u，满足 $(u, d_1) \in Lab(s)$ 和 $(u, d_2) \in Lab(t)$，并且 u 是 s 和 t 的最短路径中的一个节点。在计算 s 和 t 的最短距离时，只需查询 s 和 t 的 2-hop cover 标签的集

合 $Lab(s)$ 和 $Lab(t)$ 中是否有交集。如果存在交集,就以通过交集中的公共节点连接 s 和 t 形成 n 条路径 $[n$ 是 $Lab(s)$ 和 $Lab(t)$ 交集中节点的个数$]$,最后比较所形成的各条路径距离,取距离最短的路径 $\min\{d_1+d_2 \mid (u,d_1)\in Lab(s),$ $(u,d_2)\in Lab(t)\}$,就是我们要查询的最短路径。

2.2 密码学基础和算法

2.2.1 伪随机函数和伪随机置换

定义 2.12 伪随机函数:伪随机函数(Pseudorandom Function,PRF)是一个可以高效计算的函数的集合。该集合满足:任意概率多项式时间敌手都无法以不可忽略的概率区分集合中随机选取的一个函数和一个随机预言机。

定义 2.13 伪随机置换:伪随机置换(Pseudorandom Permutation,PRP)是一个可以高效计算的双射函数,表示为 $P:\{0,1\}^n\times\{0,1\}^k\rightarrow\{0,1\}^n$。该函数满足:对于任意的 $K\in\{0,1\}^k$,任意概率多项式时间敌手都无法以不可忽略的概率区分一个伪随机置换和一个在所有 $\{0,1\}^n\rightarrow\{0,1\}^n$ 函数中随机选取的函数。

在现代密码学中,许多加密算法、方案的安全性依赖于随机数的随机性。产生和应用满足真随机性的随机数在实际中是不可行的,因而满足密码学安全伪随机性的伪随机数在现代密码学中被广泛应用,很多密码学算法和方案都需要使用伪随机函数和伪随机置换进行构建[76]。

2.2.2 哈希函数

定义 2.14 哈希函数:哈希函数[77](Hash Function)又称为散列函数或杂凑函数,是一个可以将任意长度的数据映射到固定长度的值的函数,表示为 $H:\{0,1\}^*\rightarrow\{0,1\}^n$,其中哈希函数的结果被称为哈希值,其长度为 n。哈希函数需要满足高效性、确定性、单向性和抗碰撞性。

高效性:哈希函数可以在多项式时间内被高效地计算。

确定性:对于同一个哈希函数,同一个输入总是输出相同的哈希值。也就是说,如果同一函数输出了两个不同的散列值,那么其原始输入肯定也是不相同的。

单向性:对于任意的哈希值,任意概率多项式时间敌手都无法以不可忽略的概率计算出该哈希值所对应的输入。

抗碰撞性：抗碰撞性分为强抗碰撞性和弱抗碰撞性。强抗碰撞性指的是对于一个数据 m，无法在多项式时间内找到另一个不同的数据 m'，满足 $H(m)=H(m')$。弱抗碰撞性指的是无法在多项式时间内找到两个不同数据 m 和 m'，满足 $H(m)=H(m')$。

哈希函数是密码学中常用的工具之一，广泛用于数字签名[78-80]、完整性校验[81-82]和数据持有性证明[83-84]等实际应用中。哈希函数具有应用多样性而不具有通用性，所以某一哈希函数通常是为特定应用设计的，在密码学领域常见的哈希函数包括 SM2、SHA-256 和 MD5 等。

2.2.3　对称加密算法

对称加密算法[76]（Symmetric Encryption）也称传统密码算法，加密和解密密钥能够从对方推算出来。在多数对称加密算法中使用相同的加密和解密密钥，因此它也被称为单密钥算法。

定义 2.15　对称加密算法：对称加密算法由 3 个算法组成，分别为密钥生成算法 KeyGen、加密算法 Enc 和解密算法 Dec。这几种算法定义如下：

① 密钥生成算法，表示为 $k \leftarrow \mathrm{KeyGen}(1^\lambda)$，输入为安全参数 λ，输出为密钥 k，其中 k 通常在密钥空间 K 中随机选取。

② 加密算法，表示为 $c \leftarrow \mathrm{Enc}(m,k)$，输入为明文 m 和密钥 k，输出为密文 c，其中 $m \in M, c \in C, M$ 和 C 分别是明文空间和密文空间。

③ 解密算法，表示为 $m \leftarrow \mathrm{Dec}(c,k)$，输入为密文 c 和密钥 k，输出为明文 m。

对称加密算法的安全性取决于密钥的保密性，密钥生成、分发和管理困难，应用成本高。对称加密算法的优点是计算量小，所以算法效率高、加密速度快。对称加密算法适用于可事先确定密钥、无须进行密钥交换、对加解密速度要求高、数据量比较大的加密场景。对称加密算法是现实生活中最常用的加密算法类型之一，常见的对称加密算法包括 SM4、AES 等。

2.2.4　同态加密算法

同态加密（Homomorphic Encryption，HE）是目前密码学的重点研究领域之一，其允许在不对密文进行解密的前提下直接使用密文进行数学运算，这一特性对于基于密码学的信息安全技术具有极其重要的意义。同态加密可以先对多个密文进行计算之后直接一次解密结果密文，降低计算代价；同态加密允许无密钥方对密文进行计算,持有密钥方解密结果密文,减少通信代价、平衡各方的计算代价;利用同态加密可以让解密方只获得最后的结果密文,而不能获得计算过程中的任意密文,提高了安全性。同态加密根据其支持的计算类型,可以分为全同态加密和部分同态加密。

(1) 全同态加密(Fully Homomorphic Encryption,FHE)可以在密文空间中支持任意数量和类型的数学运算。最早的全同态加密算法由 Gentry[85] 在 2009 年提出,该算法基于理想格进行构建。该算法可以实现任意深度的电路计算,理论上可以支持对密文进行任意的计算,但算法在效率方面存在不足,无法满足实际应用中常见的高效需求。目前全同态加密仍然是一个开放性难题,国内外学者在文献[85]的基础上不断提出新的研究成果[86-88],推进全同态加密向实用化靠近。

(2) 部分同态加密(Somewhat Homomorphic Encryption,SWHE)可以在密文空间中支持部分数学运算类型,同时在运算的数量上可能有所限制。常用的部分同态加密算法包括加法同态加密算法[89-90]和乘法同态加密算法[91]等。在本书中,使用了 Paillier 加密方案[89]。Paillier 加密方案提出于 1999 年,该方案的原理基于复合剩余类的困难问题,是一种公钥加密算法,满足加法和数乘同态。它能够支持两个密文之间任意次数的加法操作,并且支持一个密文和一个明文之间的乘法操作。Paillier 加密方案包括 3 个主要算法,分别是密钥生成算法、加密算法和解密算法。这几种算法定义如下:

① 密钥生成算法$(pk,sk)\leftarrow$KeyGen(1^{λ}):输入为安全参数 λ,输出为公钥 pk 和私钥 sk。

② 加密算法 $c\leftarrow$Enc(m,pk):输入为明文 m 和公钥 pk,输出为密文 c。

③ 解密算法 $m\leftarrow$Dec(c,sk):输入为密文 c 和私钥 sk,输出为明文 m。

Paillier 加密方案是一种公钥加密算法,其满足正确性、同态性和 IND-CPA 安全性 3 个主要性质,具体如下:

① 正确性:对于任意的密钥$(pk,sk)\leftarrow$KeyGen(1^{λ})和任意的 $m\in M$,Dec$($Enc$(m,pk),sk)=m$ 始终成立。

② 同态性:定义 $\oplus$ 和 $\otimes$ 是密文空间中的两种数学运算,其中 $\oplus$ 表示同态加法,$\otimes$ 表示同态乘法。对于任意的明文 $m_1,m_2\in M$,其对应的密文 c_1 和 c_2 满足:Dec$(c_1\oplus c_2,sk)=m_1+m_2$;Dec$(c_1\otimes m_2,sk)=m_1\times m_2$。

③ IND-CPA 安全性:对于任意的明文 $m\in M$,任意概率多项式时间敌手无法以不可忽略的概率区分 m 对应的密文 c 和一个在 C 中随机选取的随

机数。

在本书中,在两个比特 b_1 和 b_2 之间,或两个比特串 s_1 和 s_2 之间,$\oplus$ 表示异或操作;在两个 Paillier 密文 c_1 和 c_2 之间,$\oplus$ 表示同态加法操作。

2.3 可搜索加密

可搜索加密(Searchable Encryption,SE)是目前云存储环境中数据安全和隐私保护的重点研究领域之一。最早的可搜索加密方案是 2000 年由 Song 等[41] 提出的 SWP 方案。SWP 方案支持对密态的文本书件进行全文搜索,不需要额外的索引结构。在该方案中,将文本文件中的每个单词分别进行加密(中文文本文件需要进行分词预处理),加密时采用了对称加密算法和伪随机函数。该方案支持动态更新,允许直接添加、删除文件;无须附加索引结构,存储代价与存储明文文件相近。然而该方案的整体搜索效率较低,搜索的计算复杂度和文本文件中的单词数呈线性关系;在安全性方面,由于使用了确定性的加密算法,文本文件中相同的文字总是加密为相同的密文,因此无法防止针对密文的统计攻击。

2003 年,Goh[92] 首次提出了基于安全索引的可搜索加密方案。在该方案中,首先使用对称加密算法将文件进行加密,并同时为每个文件生成一个额外的安全索引。该方案中的安全索引使用布隆过滤器构建,能够实现密文中的关键词搜索功能。2005 年,Chang 等[93] 在其提出的可搜索加密方案中给出了一种基于正排索引的安全索引构造方法,正排索引是以文件 id 为键的〈文件,关键字列表〉二元组字典。2006 年,Curtmola 等[57] 使用字典数据结构构建了基于倒排索引的安全索引结构,是目前可搜索加密技术中最常用的索引结构之一。该结构首先为每个文本文件指定一组关键词,并将这些关键词作为字典结构中的键,将每个关键词所对应的文件作为字典结构中对应的值。倒排索引结构的特点是结构简单,并且可以根据关键词实现常数级的搜索复杂度。一个典型的倒排索引结构如图 2-1 所示。

下面对可搜索加密技术进行总结与抽象,并对通用的可搜索加密方案进行形式化定义和安全性定义。

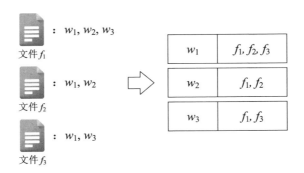

图 2-1　典型倒排索引结构

2.3.1　形式化定义

通用的可搜索加密模型由两类实体组成,分别是数据拥有者和服务器,系统架构如图 2-2 所示。其中数据拥有者持有多个文件,每个文件中包含一组关键词。首先数据拥有者将文件进行加密,并生成安全索引,然后将密态文件和安全索引发送至服务器进行存储。在搜索时,数据拥有者首先将要搜索的关键词进行加密,生成搜索令牌,并发送给服务器。服务器在收到搜索令牌后,在安全索引中进行搜索和计算,找到对应的密态文件,并返回给数据拥有者。最后数据拥有者将密态文件进行解密,完成关键词搜索过程。下面对可搜索加密进行形式化定义。

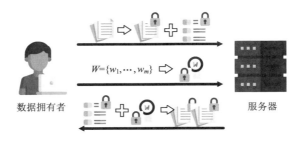

图 2-2　可搜索加密系统架构

定义 2.16　可搜索加密: 一个可搜索加密方案包含 5 个多项式时间算法,分别为密钥生成算法 KeyGen、安全索引生成算法 Index、搜索令牌生成算法 Token、搜索算法 Search 和解密算法 Dec。各算法定义如下:

① 密钥生成算法 $k \leftarrow \mathrm{KeyGen}(1^\lambda)$：由数据拥有者执行，算法的输入为安全参数 λ，算法的输出为密钥 k。

② 安全索引生成算法 $I \leftarrow \mathrm{Index}(k, F)$：由数据拥有者执行，算法的输入为密钥 k 和文件集合 $F = \{f_1, f_2, \cdots, f_n\}$，算法的输出为安全索引 I。同时数据拥有者使用对称加密算法将文件集合 F 中的每一个文件进行加密，并生成密态的文件集合 $F^* = \{c_1, c_2, \cdots, c_n\}$。由于可搜索加密方案通常不考虑文件本身的加密过程，因此在安全索引生成算法中一般忽略对文件的具体加密流程。

③ 搜索令牌生成算法 $\tau \leftarrow \mathrm{Token}(k, q)$：由数据拥有者执行，算法的输入为密钥 k 和搜索语句 q，算法的输出为搜索令牌 τ，其中搜索语句中包含一个或多个关键词。

④ 搜索算法 $C \leftarrow \mathrm{Search}(I, \tau)$：由服务器执行，算法的输入为安全索引 I 和搜索令牌 τ，算法的输出为密态的文件集合 $C = \{c_i\}$，其中 C 的每个文件都包含搜索语句 q 中的关键词。

⑤ 解密算法 $\{f_i\} \leftarrow \mathrm{Dec}(k, C)$：由数据拥有者执行，算法的输入为密钥 k 和密态的文件集合 C，算法的输出为明文文件集合 $\{f_i\}$。在解密算法中，数据拥有者将所有 $c_i \in C$ 进行解密，得到最终的搜索结果。

2.3.2　安全性定义

可搜索加密的安全性目标为安全索引不向服务器泄露任何关于文件集合的信息，以及搜索令牌和搜索过程不向服务器泄露任何关于搜索语句和搜索结果的信息[57]，但理想安全目标在实际可搜索加密应用场景中很难完全实现，现有的、具有实用性的可搜索加密方案都会不同程度地泄露一些信息，包括用户的安全索引泄露的信息、搜索过程中泄露的信息（搜索模式）和搜索结果泄露的信息（访问模式）。通过定义一组泄露函数来刻画泄露的具体信息，满足自适应选择查询攻击安全性的可搜索加密方案除了预先定义好的泄露函数外不会向敌手泄露任何其他信息。

安全性定义为：构建真实环境实验 Real_A 和模拟环境实验 $\mathrm{Ideal}_{A,S}$，在真实环境实验中，数据拥有者使用敌手 A 提供的数据进行初始化，敌手 A 和数据拥有者使用可搜索加密方案中的真实算法进行交互；在模拟环境实验中，模拟器 S 不执行可搜索加密方案的真实算法，S 以泄露函数为输入生成随机数据与敌手 A 进行交互。

定义 2.17　自适应选择查询攻击安全性：对于所有的概率多项式时间敌手 A 和模拟器 S，如果 A 无法以不可忽略的概率区分真实环境实验和模拟环境实验，即：

$$|\Pr[\text{Real}_A(\lambda)=1]-\Pr[\text{Ideal}_{A,s}(\lambda)=1]|\leqslant negl(\lambda)$$

在这里 $negl(\lambda)$ 是以安全参数 λ 为输入的可忽略函数，那么可搜索加密方案满足自适应选择查询攻击安全性。

2.4　安全多方计算

2.4.1　安全多方计算基础

1982 年，Yao[94] 首次提出了安全多方计算（Secure Multi-party Computation，SMC）的概念。安全多方计算是一种由多个实体共同参与的协议，每个参与的实体持有一个输入，并与其他所有实体共同计算一个定义好的函数 F。在协议的计算过程中，每个实体都不希望其他实体获取关于其输入的任何信息，除了协议的最终计算结果。安全多方计算的通用系统架构如图 2-3 所示。在图 2-3 中，n 个实体（$p_1,p_2,\cdots,p_n$）使用各自持有的输入（$x_1,x_2,\cdots,x_n$）共同计算函数 $y=F(x_1,x_2,\cdots,x_n)$。

图 2-3　安全多方计算的通用系统架构

安全多方计算经过多年的研究和发展，形成了大量的研究成果，被广泛应用于很多现实应用场景。例如在隐私保护的多源数据挖掘应用场景中，可以使用私有集合交集计算（Private Set Intersection）协议[95-98] 计算多个集合的交集。

在安全多方计算中，仅允许部分参与实体持有输入，而其他实体只负责参与计算。以上场景被广泛应用于云计算环境中,用户将数据进行加密并发送至云服务器,以利用云服务器强大的计算资源进行复杂的计算任务,并返回给用户计算结果。同时在以上计算过程中,需要确保云服务器无法获得关于用户数据的隐私信息,以及保证计算结果的正确性。

2.4.2　密文比较协议

密文比较(Secure Integer Comparison,SIC)协议[99-101]是安全多方计算中的一个分支,在协议中有两个实体 S_1 和 S_2,实体 S_1 持有两个不同的整数 m_1 和 m_2 所对应的密文 c_1 和 c_2,并希望另一个实体 S_2 计算两个整数的大小关系。由于 S_1 没有解密所需要的密钥,因此无法将 c_1 和 c_2 进行解密,从而无法直接对明文进行大小比较。S_2 持有解密所需要的密钥,但 S_1 不希望 S_2 获取关于 m_1 和 m_2 的信息,因此不能直接将 c_1 和 c_2 发送给 S_2 进行比较。S_1 和 S_2 在协议控制下进行交互和计算,使得 S_1 在只知道密文的情况下比较了两个数的大小;S_2 在协议交互过程中并不能获取到密文,虽然其拥有解密密钥,但也不能知晓两个数的真实值。

DGK 密文比较协议[102]是一个非常著名的密文比较协议,经常被加密数据处理应用作子协议。在本书中,需要使用改进的 DGK 密文比较协议,该协议基于 Paillier 同态加密方案构建。在协议中,S_2 持有 Paillier 方案的公钥和私钥,S_1 持有两个整数 m_1 和 m_2 所对应的 Paillier 密文 c_1 和 c_2。S_1 首先使用 c_1 和 c_2 与一个随机数进行运算,并将密文计算结果发送给 S_2。S_2 在收到计算结果后,使用私钥进行解密,并使用公共参数进行运算,最后生成一个比特 b,然后将 b 发送给 S_1。如果 $b=0$,则说明 $m_1>m_2$;如果 $b=1$,则说明 $m_1<m_2$。

DGK 密文比较协议满足正确性和隐私保护性。正确性指的是,对于任意的 m_1 和 m_2,协议总会输出正确的结果。隐私保护性指的是,S_2 无法获取任何关于 m_1 和 m_2 的信息,除了 m_1 和 m_2 的大小关系。

2.5　安全模型

在构建本书所提出的协议和方案时,需要对安全性进行定义和证明。在构造协议和方案时,需要引入一系列安全假设,只有证明这些安全假设都是成立的,构造的协议和方案才能被证明是安全的。构造一个协议或方案,所引入的所有安全假设,及对应假设下的安全性要求的集合被称为安全模型。根据敌手的行为模式,安全模型可分为半诚实威胁模型和恶意威胁模型。

2.5.1　半诚实威胁模型

半诚实(semi-honest)威胁模型[103]也叫作诚实并好奇(honest-but-curious)威胁模型、被动攻击者威胁模型。在该威胁模型中,敌手总是正确地执行方案或协议中所定义的算法和交互流程,不会对计算过程或计算结果进行伪造。然而敌手会分析其能够得到的任何信息,从而尽可能地获取任何关于其他用户的信息。该模型是一种被动攻击模型,敌手仅被动地对信息进行分析,而不主动地对方案或协议进行破坏行为。

基于半诚实威胁模型的方案或协议在构造难度和执行效率方面具有显著优势。半诚实威胁模型可以满足很多现实应用中的安全假设,因为在这些应用中,如果敌手没有正确地执行算法或交互流程,很容易被其他用户发现,从而终止应用流程。如果敌手通过主动破坏算法或交互流程,可以从中得到额外的信息,或获取额外的利益,则需要考虑安全级别更高的安全模型,例如恶意威胁模型。

2.5.2　恶意威胁模型

恶意威胁(malicious)模型[103]中的敌手在方案或协议中会故意(有目的地)不遵从定义的算法和交互流程,以实现额外获取敏感信息的目的,这种模型也被称为主动攻击者威胁模型。例如在云计算环境下,云服务器可能会故意不执行或仅执行部分用户请求的计算任务,以减少自身的计算资源和能源消耗,从而减少运营成本;或者在云存储环境下,云服务器可能会故意删除用户存储的数据,从而节约自身的存储资源。

构造基于恶意威胁模型的方案或协议,通常需要引入额外的密码学工具或算法,在每个可能被攻击的环节进行安全多方交互或实现零知识证明。例如在云计算环境下,要求云服务器在执行计算的过程中额外生成一个证据,可以让用户对计算结果的正确性进行验证;或者在云存储环境下,用户可以向云服务器进行数据持有性证明,确保用户在云服务器上数据的完整性。

基于恶意威胁模型的方案或协议的构造难度远大于基于半诚实威胁模型的方案或协议,基于恶意威胁模型的方案或协议的存储代价、计算代价、通信代价也会高很多,甚至可能会影响方案或协议实际可用性。受益于法律规范、社会道德对敌手的限制和约束,在现实应用场景中,大多数方案或协议面临的潜在攻击源自半诚实威胁模型。

2.6　数据结构

2.6.1　基于键值对的字典结构

在基于键值对的字典结构的数据结构中,数据以键(key)和值(value)的形式进行存储,通常表示为{key:value}。基于键值对的字典结构是现实应用场景中常见的数据结构,通常使用哈希表等技术进行构建,实现 key 与 value 的映射。在字典结构中,用户使用键进行搜索,搜索的结果为该键所对应的值。另外以上搜索过程与数据结构中的键值对数量无关,可以实现常数级的搜索复杂度。在本书中,使用 $D[key] := value$ 表示键值对{key:value}存入字典结构 D 中,使用 value $=$ $D[key]$ 表示使用关键词 key 在字典 D 中进行搜索,其搜索结果为 value。

2.6.2　图结构

图结构是一种常见的数据结构,其使用图论中的图对数据进行存储。在图结构中,图中的每个节点表示一个不同的数据,图中的边表示不同数据之间的关系。图结构中的节点通常使用数组进行存储,表示为 $V = \{v_1, v_2, \cdots, v_m\}$,其中 m 是节点的数量,$v_i \in V$ 是每个数据的唯一标识符。图结构中的边可以使用邻接关系矩阵或邻接表进行存储。邻接关系矩阵是一个 $m \times m$ 大小的矩阵,矩阵中的元素表示图结构中某两个节点之间的邻接关系。对于非加权图,邻接关系矩阵中的元素为 0 或 1,其中 0 表示两个节点不邻接,1 表示两个节点邻接。邻接表是一个拥有 m 个元素的数组,表示为 $\{v_i : \{v\}\}_{1 \leqslant i \leqslant m}$,其中 $v_i \in V$ 是图结构中的一个节点,$\{v\}$ 表示所有 v_i 的邻接节点。图 2-4 是一个图结构的示例。

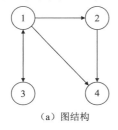

	1	2	3	4
1	0	1	1	1
2	0	0	0	1
3	1	0	0	0
4	0	0	0	0

{1:{2,3,4},
2:{4},
3:{1},
4:{}}

（a）图结构　　　　　　　　（b）邻接关系矩阵　　　　　　（c）邻接表

图 2-4　图结构示例

2.7　本章小结

　　本章主要对本书所使用的预备知识进行了介绍。首先介绍了数学基础中的一些基本概念,包括多项式时间算法、概率多项式时间算法、可忽略函数和协议的定义,然后介绍了图论基础中的基本概念,包括图的概念、分类以及相关的图论算法;接下来对密码学基础进行了介绍,包括伪随机函数、哈希函数、对称加密算法和同态加密算法的定义;然后介绍了可搜索加密基础,包括形式化定义和安全性定义;本节还介绍了安全多方计算的相关基础知识,包括基础定义和密文比较协议;然后对本书在进行安全性证明时所使用的威胁模型进行了介绍,包括半诚实模型和恶意模型;最后介绍了本书所使用的数据结构,包括基于键值对的字典结构和图结构。

第 3 章　社交网络环境下密态图结构计算协议

3.1　引言

目前社交网络服务发展迅速,互联网中不断涌现出丰富多样的社交网络平台,不同的社交网络平台具有各自的特色和侧重点,例如短视频分享、照片分享、知识分享、即时通信、在线交友等,可以满足用户不同的社交需求。同时,不同的社交网络之间普遍存在信息互通和分享的趋势,用户不再局限在单一的网络结构中,而是分布在不同的社交网络平台中。在以上背景下,仅对单独的社交网络进行数据挖掘存在一些局限性,而通过聚合多个社交网络进行数据挖掘能够得到更加全面的结果,例如基于多个社交网络的社区发现能够更加深入地了解社交网络的结构特征。

在社交网络社区发现研究领域中,图结构被广泛用于表达复杂的社交网络数据,图结构中的节点通常用来表示社交网络中的用户或实体,边表示用户或实体之间的社交关系。图结构可以十分直观地显示出社交网络中社区的拓扑结构,并且可以使用多种图论算法构建社区发现算法,例如近邻搜索算法、图遍历算法、子图匹配算法、最大连通图算法等。

在对多个社交网络进行数据聚合时,可以使用多种不同的图结构算法,例如图结构的交集和并集计算。交集和并集计算是图结构中最常用的基础算法之一,是很多基于图结构应用的基础。对于两个不同的图结构 G_1 和 G_2,G_1 和 G_2 的交集由同时存在于两个图结构中的节点和边组成;G_1 和 G_2 的并集由至少存在于 G_1 或 G_2 之一的节点和边组成。例如,在联合多个社交网络进行社区发现时,可以首先使用并集计算将多个社交网络聚合为一个单独的图结构,再使用社区发现算法。图 3-1 描述了一个多社交网络社区发现示例。在示例中,社

交网络 G_1 是一个视频分享社交网络,社交网络 G_2 是一个博客社交网络,两个社交网络中包含一些共同的用户。在两个社交网络的图结构中,节点代表社交网络中的用户,边代表用户之间的好友关系。在进行社区发现数据挖掘时,可以首先将社交网络 G_1 和 G_2 进行聚合,再对聚合后的社交网络进行社区发现,可以得到更好的结果。

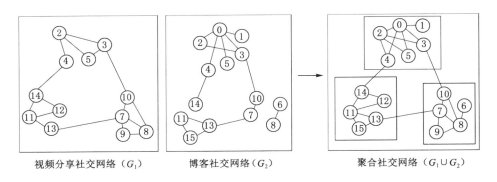

视频分享社交网络(G_1)　　　博客社交网络(G_2)　　　聚合社交网络($G_1 \cup G_2$)

图 3-1　社交网络图结构聚合计算示例

社交网络中的数据通常具有较大的商业价值或涉及用户的隐私信息,所以不同的社交平台服务商之间可能不希望在进行联合数据挖掘时将所有信息共享。然而目前的图结构交集和并集计算协议无法实现计算过程中的隐私保护,参与计算的双方需要完全获取对方的图结构。例如在图 3-1 的示例中,社交网络 G_1 和 G_2 的服务商希望联合进行社区发现,以实现更好的好友推荐和广告推送等应用,但又不希望将自己的社交网络数据完全提供给对方。

针对上述问题,本章基于安全多方计算的思想,提出一种社交网络环境下密态图结构计算协议(PGO 协议)。在该协议中,两个社交网络服务商使用图结构表示各自的社交网络数据,并共同计算两个图结构的交集和并集。在计算过程中,PGO 协议使用同态加密算法实现隐私保护,参与协议的双方都无法获取除了交集和并集计算结果之外的其他信息。本章首先设计协议的模型,包括形式化定义和安全性定义,然后对协议的具体过程进行描述;随后对协议的正确性和安全性进行证明,并从计算代价和通信代价两个方面对协议进行代价分析;最后对协议进行编程实现,并使用真实的社交网络图结构数据集进行仿真实验,同时分析实验结果。

3.2　协议模型

社交网络环境下密态图结构计算协议（PGO 协议）由两个实体组成，分别为两个社交网络服务商 SN_A 和 SN_B。SN_A 和 SN_B 各自持有一份社交网络图结构，SN_A 希望获得两个图结构的聚合结果。PGO 协议能够在隐私保护的前提下实现两个图结构之间的交集和并集计算，解决社交网络图结构聚合计算过程中的隐私泄露问题。

PGO 协议包括 3 个步骤，分别是（1）密钥生成、（2）交集计算和（3）并集计算。PGO 协议的模型如图 3-2 所示。

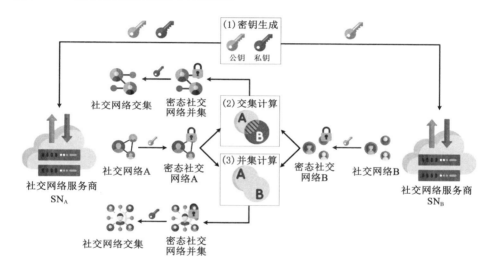

图 3-2　PGO 协议模型

在 PGO 协议中，将 SN_A 和 SN_B 的社交网络数据定义为两个图结构，分别表示为 $G_A = (V_A, E_A)$ 和 $G_B = (V_B, E_B)$，其中 V_A 和 V_B 分别表示图结构 G_A、G_B 中节点的集合，E_A 和 E_B 分别表示 G_A、G_B 中边的集合。

将 G_A 和 G_B 的交集运算定义为 $G_I = G_A \bigcap G_B = (V_I, E_I)$，其中 V_I 是 V_A 和 V_B 的交集，即 $V_I = V_A \bigcap V_B$，E_I 是 E_A 和 E_B 的交集，即 $E_I = E_A \bigcap E_B$。也就是说，G_A 和 G_B 交集 G_I 由同时存在于 G_A 和 G_B 中的节点和边组成。

将 G_A 和 G_B 的并集运算定义为 $G_U = G_A \bigcup G_B = (V_U, E_U)$。其中 V_U 是 V_A 和 V_B 的并集，即 $V_U = V_A \bigcup V_B$，E_U 是 E_A 和 E_B 的并集，即 $E_U = E_A \bigcup E_B$。也就

是说，G_A 和 G_B 的并集 G_U 由至少存在于 G_A 或 G_B 其中之一的节点和边组成。

为了方便对 PGO 协议进行详细描述，首先给出本章需要使用的相关符号定义，如表 3-1 所示。

表 3-1　符号定义表

符号	描述
SN_A，SN_B	社交网络 A 和 B
k	安全参数
pk，sk	Paillier 公钥和私钥
$G_A = (V_A, \boldsymbol{E}_A)$	社交网络 A 的图结构
$G_B = (V_B, \boldsymbol{E}_B)$	社交网络 B 的图结构
$V_A = \{p_1, p_2, \cdots, p_m\}$	G_A 中节点的集合
$V_B = \{q_1, q_2, \cdots, q_n\}$	G_B 中节点的集合
$|V_A|$，m	G_A 中节点的数量
$|V_B|$，n	G_B 中节点的数量
$G_I = (V_I, \boldsymbol{E}_I)$	G_A 和 G_B 的交集
$G_U = (V_U, \boldsymbol{E}_U)$	G_A 和 G_B 的并集
$V_I = \{s_1, s_2, \cdots, s_g\}$	G_I 中节点的集合
$V_U = \{t_1, t_2, \cdots, t_h\}$	G_U 中节点的集合
$|V_I|$，g	G_I 中节点的数量
$|V_U|$，h	G_U 中节点的数量
$\oplus$	Paillier 同态加法
$\otimes$	Paillier 同态乘法
L_1，L_2	泄露函数

3.2.1　形式化定义

定义 3.1　社交网络环境下密态图结构计算协议（PGO 协议）：社交网络环境下密态图结构计算协议（PGO 协议）由 5 个算法组成，即 PGO＝（KeyGen，VertexIntersection，EdgeIntersection，VertexUnion，EdgeUnion）。各算法详细定义如下：

（1）$(pk, sk) \leftarrow$ KeyGen(k)：密钥生成算法，由 SN_A 执行。算法的输入为安全参数 k，算法的输出为公钥 pk 和私钥 sk。在算法结束后，SN_A 将 pk 发送

给 SN_B。

（2）$V_I \leftarrow \text{VertexIntersection}(V_A, V_B, pk, sk)$：节点交集计算算法，由 SN_A 和 SN_B 共同执行。算法的输入为节点的集合 V_A 和 V_B，以及密钥 pk 和 sk，算法的输出为 V_A 和 V_B 的交集 V_I。

（3）$E_I \leftarrow \text{EdgeIntersection}(V_I, \mathbf{E}_A, \mathbf{E}_B, pk, sk)$：边交集计算算法，由 SN_A 和 SN_B 共同执行。算法的输入为节点的交集 V_I、边的集合 $\mathbf{E}_A$ 和 $\mathbf{E}_B$，以及密钥 pk 和 sk，算法的输出为 $\mathbf{E}_A$ 和 $\mathbf{E}_B$ 的交集 $\mathbf{E}_I$。

（4）$V_U \leftarrow \text{VertexUnion}(V_A, V_B, pk, sk)$：节点并集计算算法，由 SN_A 和 SN_B 共同执行。算法的输入为节点的集合 V_A 和 V_B，以及密钥 pk 和 sk，算法的输出为 V_A 和 V_B 的并集 V_U。

（5）$\mathbf{E}_U \leftarrow \text{EdgeUnion}(V_U, \mathbf{E}_A, \mathbf{E}_B, pk, sk)$：边并集计算算法，由 SN_A 和 SN_B 共同执行。算法的输入为节点的并集 V_U、边的集合 $\mathbf{E}_A$ 和 $\mathbf{E}_B$，以及密钥 pk 和 sk，算法的输出为 $\mathbf{E}_A$ 和 $\mathbf{E}_B$ 的并集 $\mathbf{E}_U$。

PGO 协议的正确性定义如下：

定义 3.2　PGO 协议的正确性：对于任意的图结构 G_A 和 G_B，以及任意的密钥 $(pk, sk) \leftarrow \text{KeyGen}(k)$，$SN_A$ 和 SN_B 正确地执行算法 VertexIntersection、EdgeIntersection、VertexUnion 和 EdgeUnion。如果 PGO 协议的结果满足以下条件，则协议是正确的：

（1）VertexIntersection 算法和 EdgeIntersection 算法的结果为 G_A 和 G_B 的交集；

（2）VertexUnion 算法和 EdgeUnion 算法的结果为 G_A 和 G_B 的并集。

3.2.2　安全性定义

社交网络环境下密态图结构计算协议的安全目标为 SN_A 和 SN_B 都无法获取任何关于对方的图结构的信息，然而目前在安全多方计算领域中，实现这个安全目标需要消耗大量的计算和通信资源，无法保证协议的高效性。因此，本章提出的 PGO 协议在计算过程中允许部分的信息泄露，以提高方案的整体效率。

为了确保协议中泄露的信息不会对安全性造成过大的损失，需要对这些信息进行量化和分析。将协议的信息泄露定义为两个泄露函数，分别为 L_1 和 L_2，其中 L_1 表示 SN_A 能够获取的关于 G_B 的信息，L_2 表示 SN_B 能够获取的关于 G_A 的信息。L_1 和 L_2 定义如下：

（1）L_1：G_B 中节点的数量 $|V_B|$。

（2）L_2：G_A 和 G_B 中节点的交集 V_I 和并集 V_U，G_A 中节点的数量 $|V_A|$。

PGO 协议采用半诚实的威胁模型，即 SN_A 和 SN_B 都是半诚实的实体，它们都会正确地执行协议中的所有计算和交互过程，不会对数据和计算结果进行破坏和伪造。但是 SN_A 和 SN_B 都会试图分析在协议交互过程中获取的信息，以最大限度地获取或推测关于对方的图结构的信息。

PGO 协议的安全性定义如下：

定义 3.3　PGO 协议的隐私保护性：如果 SN_A 和 SN_B 是半诚实的实体，那么 SN_A 无法获取任何关于 G_B 的信息，除了泄露函数 L_1 中的信息和协议的结果；SN_B 无法获取任何关于 G_A 的信息，除了泄露函数 L_2 中的信息。

3.3　协议详细描述

在 PGO 协议中，SN_A 和 SN_B 的社交网络图结构分别表示为 $G_A = (V_A, E_A)$ 和 $G_B = (V_B, E_B)$。将 G_A 和 G_B 的节点的集合分别定义为 $V_A = \{p_1, p_2, \cdots, p_m\}$ 和 $V_B = \{q_1, q_2, \cdots, q_n\}$，其中 p_i 和 q_i 分别是 G_A 和 G_B 中节点的唯一整数标识符，并且 V_A 和 V_B 都使用升序排列。将 G_A 和 G_B 的边的集合分别定义为

$$E_A = \begin{pmatrix} p_{1,1} & \cdots & p_{1,m} \\ \vdots & & \vdots \\ p_{m,1} & \cdots & p_{m,m} \end{pmatrix}, E_B = \begin{pmatrix} q_{1,1} & \cdots & q_{1,n} \\ \vdots & & \vdots \\ q_{n,1} & \cdots & q_{n,n} \end{pmatrix}$$

其中 $p_{i,j}$ 表示点 p_i 和点 p_j 在 G_A 中的邻接关系，$q_{i,j}$ 表示点 q_i 和点 q_j 在 G_B 中的邻接关系。如果点 p_i 和点 p_j 在 G_A 中是邻接的，即 G_A 中存在一条起点为 p_i、终点为 p_j 的边，那么 $p_{i,j} = 1$；如果点 p_i 和点 p_j 在 G_A 中是不邻接的，那么 $p_{i,j} = 0$。如果 G_A 或 G_B 是无向图，那么 E_A 或 E_B 是对称矩阵。

在构建 PGO 协议时，需要使用 Paillier 同态加密方案，以实现密态图结构中的交集和并集计算。Paillier 同态加密方案包含 3 个算法，分别为：

（1）$(pk, sk) \leftarrow HOM.Gen(1^k)$：密钥生成算法，输入为安全参数 k，输出为公钥 pk 和私钥 sk。

（2）$[m] \leftarrow HOM.Enc(m, pk)$：加密算法，输入为明文 m 和公钥 pk，输出为密文 $[m]$。

（3）$m \leftarrow HOM.Dec([m], sk)$：解密算法，输入为密文 $[m]$ 和私钥 sk，输出为明文 m。

PGO 方案由 5 个算法组成,各算法的详细描述如下。

3.3.1　密钥生成算法

密钥生成算法表示为 $(pk, sk) \leftarrow \text{KeyGen}(k)$。$\text{SN}_\text{A}$ 执行 $(pk, sk) \leftarrow \text{HOM.}$ $\text{Gen}(1^k)$,生成 Paillier 的公钥 pk 和私钥 sk。然后 SN_A 将 pk 发送给 SN_B,将 sk 秘密保存。

3.3.2　节点交集计算算法

节点交集计算算法表示为 $V_\text{I} \leftarrow \text{VertexIntersection}(V_\text{A}, V_\text{B}, pk, sk)$。算法的输入为 G_A 和 G_B 中节点的集合 V_A 和 V_B,以及密钥 pk 和 sk,算法的输出为 G_A 和 G_B 中节点的交集 V_I。

（1）SN_A 首先使用 V_A 构建多项式 $P(x) = (x - p_1)(x - p_2)\cdots(x - p_m) = \sum_{i=0}^{m}(\alpha_i x^i)$。$P(x)$ 具有以下性质:当且仅当 $x \in V_\text{A}$ 时,$P(x) = 0$。然后 SN_A 使用 HOM. Enc 将 $P(x)$ 的系数集合 $C = \{\alpha_0, \cdots, \alpha_m\}$ 进行加密,得到 $[C] = \{[\alpha_0], \cdots, [\alpha_m]\} = \{\text{HOM. Enc}(\alpha_0, pk), \cdots, \text{HOM. Enc}(\alpha_m, pk)\}$。接下来,$\text{SN}_\text{A}$ 将 $[C]$ 发送给 SN_B。

（2）在收到 $[C]$ 后,SN_B 使用 Paillier 算法的同态性,将 V_B 中的每一个节点 q_i 作为输入,同态地计算 $P(q_i)$ 的值。以上计算的结果为 Paillier 方案的密文,表示为 $[P(q_i)]$。然后 SN_B 使用 HOM. Enc 将 V_B 中的每一个节点 q_i 进行加密并得到 $[q_i]$。对于每一个 $[P(q_i)]$,SN_B 选择非零随机数 r,并计算 $[d_i] = ([P(q_i)] \otimes r) \oplus [q_i]$。接下来,$\text{SN}_\text{B}$ 将 $[D] = \{[d_1], [d_2], \cdots, [d_n]\}$ 发送给 SN_A。

（3）在收到 $[D]$ 后,SN_A 首先使用 HOM. Dec 将 $[D]$ 中的每一个密文进行解密,得到 $D = \{d_1, d_2, \cdots, d_n\}$,其中 $d_i = \text{HOM. Dec}([d_i], sk)$。然后对于每一个 d_i,SN_A 检查 d_i 是否存在于 V_A 中,即是否 $d_i \in V_\text{A}$。如果 $d_i \in V_\text{A}$,那么说明节点 q_i 同时存在于 G_A 和 G_B 中,即 $q_i \in V_\text{I}$;如果 $d_i \notin V_\text{A}$,那么说明节点 q_i 仅存在于 G_B 中。在所有 d_i 遍历完成后,SN_A 可以获得所有同时存在于 G_A 和 G_B 中的节点,即 $V_\text{I} = V_\text{A} \cap V_\text{B}$。最后 SN_A 将 V_I 进行升序排列,并将 V_I 发送给 SN_B。

VertexIntersection 算法的伪代码如下:

Algorithm 1 $V_I \leftarrow \text{VertexIntersection}(V_A, V_B, pk, sk)$

Input：vertex set $V_A = \{p_1, p_2, \cdots, p_m\}$，vertex set $V_B = \{q_1, q_2, \cdots, q_n\}$，public key pk，private key sk

Output：vertex intersection V_I

1. SN_A constructs $P(x) = (x - p_1)(x - p_2)\cdots(x - p_m) = \sum_{i=0}^{m}(\alpha_i x^i)$ using V_A；

2. **for** $0 \leqslant i \leqslant m$

3. SN_A computes $[\alpha_i] = \text{HOM.Enc}(\alpha_i, pk)$；

4. **end**

5. SN_A sends $[C] = \{[\alpha_0], \cdots, [\alpha_m]\}$ to SN_B；

6. **for** $1 \leqslant i \leqslant n$

7. SN_B evaluates $[P(q_i)]$ using $[C]$；

8. SN_B computes $[q_i] = \text{HOM.Enc}(q_i, pk)$；

9. SN_B randomly select a non-zero number r；

10. SN_B computes $[d_i] = ([P(q_i)] \otimes r) \oplus [q_i]$；

11. **end**

12. SN_B sends $[D] = \{[d_1], [d_2], \cdots, [d_n]\}$ to SN_A；

13. SN_A initializes an empty set V_I；

14. **for** $1 \leqslant i \leqslant n$

15. SN_A computes $d_i = \text{HOM.Dec}([d_i], sk)$；

16.   **if** $d_i \in V_A$

17. SN_A inserts d_i into V_I；

18.   **end**

19. **end**

20. SN_A sorts V_I in ascending order；

21. SN_A sends V_I to SN_B

3.3.3　边交集计算算法

边交集计算算法表示为 $E_I \leftarrow \text{EdgeIntersection}(V_I, E_A, E_B, pk, sk)$。算法的输入为节点的交集 V_I、G_A 和 G_B 中边的集合 E_A 和 E_B，以及密钥 pk 和 sk，算法的输出为 G_A 和 G_B 中边的交集 E_I。

（1）定义 G_A 和 G_B 中节点的交集为 $V_I = \{s_1, s_2, \cdots, s_g\}$，其中 $s_i \in V_A$ 且 $s_i \in V_B$，因此每个 s_i 都对应 V_A 和 V_B 中的一个不同的节点。SN_A 首先根据 V_I 和 E_A 构建一个邻接矩阵 A_I：

$$\boldsymbol{A}_{\mathrm{I}} = \begin{pmatrix} a_{1,1} & \cdots & a_{1,g} \\ \vdots & & \vdots \\ a_{g,1} & \cdots & a_{g,g} \end{pmatrix}$$

设 s_i 和 s_j 在 V_A 中对应的节点为 q_x 和 q_y，$\boldsymbol{A}_{\mathrm{I}}$ 中的元素 $a_{i,j}$ 表示 q_x 和 q_y 在 $\boldsymbol{E}_A$ 中的邻接关系，即如果 q_x 和 q_y 在 G_A 中是邻接的，那么 $a_{i,j}=1$；如果是不邻接的，那么 $a_{i,j}=0$。然后 SN_A 使用 HOM. Enc 将 $\boldsymbol{A}_{\mathrm{I}}$ 中的每一个元素进行加密，得到 $[\boldsymbol{A}_{\mathrm{I}}]$：

$$\begin{aligned} [\boldsymbol{A}_{\mathrm{I}}] &= \begin{pmatrix} [a_{1,1}] & \cdots & [a_{1,g}] \\ \vdots & & \vdots \\ [a_{g,1}] & \cdots & [a_{g,g}] \end{pmatrix} \\ &= \begin{pmatrix} \mathrm{HOM.\,Enc}(a_{1,1},pk) & \cdots & \mathrm{HOM.\,Enc}(a_{1,g},pk) \\ \vdots & & \vdots \\ \mathrm{HOM.\,Enc}(a_{g,1},pk) & \cdots & \mathrm{HOM.\,Enc}(a_{g,g},pk) \end{pmatrix}, \end{aligned}$$

并且 SN_A 将 $[\boldsymbol{A}_{\mathrm{I}}]$ 发送给 SN_B。

（2）在收到 $[\boldsymbol{A}_{\mathrm{I}}]$ 后，SN_B 首先根据 V_{I} 和 $\boldsymbol{E}_B$，使用和 SN_A 相同的方法构建邻接矩阵 $\boldsymbol{B}_{\mathrm{I}}$：

$$\boldsymbol{B}_{\mathrm{I}} = \begin{pmatrix} b_{1,1} & \cdots & b_{1,g} \\ \vdots & & \vdots \\ b_{g,1} & \cdots & b_{g,g} \end{pmatrix}$$

然后 SN_B 使用 Paillier 算法的同态性，计算 $[\boldsymbol{E}_{\mathrm{I}}]=[\boldsymbol{A}_{\mathrm{I}}]\otimes\boldsymbol{B}_{\mathrm{I}}$：

$$\begin{aligned} [\boldsymbol{E}_{\mathrm{I}}] &= [\boldsymbol{A}_{\mathrm{I}}]\boldsymbol{B}_{\mathrm{I}} = \begin{pmatrix} [a_{1,1}] & \cdots & [a_{1,g}] \\ \vdots & & \vdots \\ [a_{g,1}] & \cdots & [a_{g,g}] \end{pmatrix} \otimes \begin{pmatrix} b_{1,1} & \cdots & b_{1,g} \\ \vdots & & \vdots \\ b_{g,1} & \cdots & b_{g,g} \end{pmatrix} \\ &= \begin{pmatrix} [a_{1,1}]\otimes b_{1,1} & \cdots & [a_{1,g}]\otimes b_{1,g} \\ \vdots & & \vdots \\ [a_{g,1}]\otimes b_{g,1} & \cdots & [a_{g,g}]\otimes b_{g,g} \end{pmatrix} = \begin{pmatrix} [e_{1,1}] & \cdots & [e_{1,g}] \\ \vdots & & \vdots \\ [e_{g,1}] & \cdots & [e_{g,g}] \end{pmatrix} \end{aligned}$$

接下来，SN_B 将 $[\boldsymbol{E}_{\mathrm{I}}]$ 发送给 SN_A。

（3）在收到 $[\boldsymbol{E}_{\mathrm{I}}]$ 后，SN_A 首先使用 HOM. Dec 将 $[\boldsymbol{E}_{\mathrm{I}}]$ 中的每一个密文元素进行解密，得到 $\boldsymbol{E}_{\mathrm{I}}$：

$$\boldsymbol{E}_{\mathrm{I}} = \begin{pmatrix} e_{1,1} & \cdots & e_{1,g} \\ \vdots & & \vdots \\ e_{g,1} & \cdots & e_{g,g} \end{pmatrix}$$

其中 $e_{i,j} = \text{HOM. Dec}([e_{i,j}], sk)$。$E_I$ 即是 G_A 和 G_B 中边的交集,即 $E_I = E_A \bigcap E_B$。

EdgeIntersection 算法的伪代码如下:

Algorithm 2 $E_I \leftarrow \text{EdgeIntersection}(V_I, E_A, E_B, pk, sk)$

Input: vertex intersection $V_I = \{s_1, s_2, \cdots, s_g\}$, edge set E_A and E_B, public key pk,
private key sk

Output: edge intersection E_I

1. SN_A constructs $A_I = \begin{pmatrix} a_{1,1} & \cdots & a_{1,g} \\ \vdots & & \vdots \\ a_{g,1} & \cdots & a_{g,g} \end{pmatrix}$ using V_I and E_A;

2. **for** $1 \leqslant i \leqslant g$

3.   **for** $1 \leqslant j \leqslant g$

4. SN_A computes $[a_{i,j}] = \text{HOM. Enc}(a_{i,j}, pk)$;

5.   **end**

6. **end**

7. SN_A sends $[A_I] = \begin{pmatrix} [a_{1,1}] & \cdots & [a_{1,g}] \\ \vdots & & \vdots \\ [a_{g,1}] & \cdots & [a_{g,g}] \end{pmatrix}$ to SN_B;

8. SN_B constructs $B_I = \begin{pmatrix} b_{1,1} & \cdots & b_{1,g} \\ \vdots & & \vdots \\ b_{g,1} & \cdots & b_{g,g} \end{pmatrix}$ using V_I and E_B;

9. **for** $1 \leqslant i \leqslant g$

10.   **for** $1 \leqslant j \leqslant g$

11. SN_B computes $[e_{i,j}] = [a_{i,j}] \otimes b_{i,j}$;

12.   **end**

13. **end**

14. SN_B sends $[E_I] = \begin{pmatrix} [e_{1,1}] & \cdots & [e_{1,g}] \\ \vdots & & \vdots \\ [e_{g,1}] & \cdots & [e_{g,g}] \end{pmatrix}$ to SN_A;

15. **for** $1 \leqslant i \leqslant g$

16.   **for** $1 \leqslant j \leqslant g$

17. SN_A computes $e_{i,j} = \text{HOM. Dec}([e_{i,j}], sk)$;

18.   **end**

19. **end**

20. SN_A obtains $E_I = \begin{pmatrix} e_{1,1} & \cdots & e_{1,g} \\ \vdots & & \vdots \\ e_{g,1} & \cdots & e_{g,g} \end{pmatrix}$

在 EdgeIntersection 算法结束后，SN_A 同时获取了 V_I 和 E_I，即获取了 G_A 和 G_B 的交集 $G_I = (V_I, E_I)$。

3.3.4　节点并集计算算法

节点并集计算算法 $V_U \leftarrow VertexUnion(V_A, V_B, pk, sk)$：算法的输入为 G_A 和 G_B 中节点的集合 V_A 和 V_B，以及密钥 pk 和 sk，算法的输出为 G_A 和 G_B 中节点的并集 V_U。

（1）SN_A 首先使用 VertexIntersection 算法中的方法构建多项式 $P(x) = \sum_{i=0}^{m} (a_i x^i)$，然后使用 HOM.Enc 将 $P(x)$ 的系数集合进行加密为 $[C]$，并将 $[C]$ 发送给 SN_B。

（2）在收到 $[C]$ 后，SN_B 使用 Paillier 算法的同态性，将 V_B 中的每一个节点 q_i 作为输入，同态地计算 $P(q_i)$ 的值，并得到 $[P(q_i)]$。接下来对于每一个 $[P(q_i)]$，SN_B 选择非零随机数 r，并计算 $[w_i] = [P(q_i)] \otimes r$。然后 SN_B 将 $[W] = \{[w_1], [w_2], \cdots, [w_n]\}$ 发送给 SN_A。

（3）在收到 $[W]$ 后，SN_A 首先使用 HOM.Dec 将 $[W]$ 中的每一个密文进行解密，得到 $W = \{w_1, w_2, \cdots, w_n\}$，其中 $w_i = HOM.Dec([w_i], sk)$。然后对于每一个 w_i，SN_A 检查是否 $w_i = 0$。如果 $w_i = 0$，那么 SN_A 计算 $[w_i'] = HOM.Enc(0, pk)$；如果 $w_i \neq 0$，那么 SN_A 计算 $[w_i'] = HOM.Enc(1, pk)$。接下来 SN_A 将 $[W'] = \{[w_1'], [w_2'], \cdots, [w_n']\}$ 发送给 SN_B。

（4）在收到 $[W']$ 后，对于每一个 $[w_i']$，SN_B 计算 $[z_i] = [w_i'] \otimes q_i$。然后 SN_B 将 $[Z] = \{[z_1], [z_2], \cdots, [z_n]\}$ 发送给 SN_A。

（5）在收到 $[Z]$ 后，SN_A 首先使用 HOM.Dec 将 $[Z]$ 中的每一个密文进行解密，得到 $Z = \{z_1, z_2, \cdots, z_n\}$，其中 $z_i = HOM.Dec([z_i], sk)$。然后对于每一个 z_i，SN_A 检查是否 $z_i = 0$。如果 $z_i = 0$，说明节点 z_i 同时存在于 G_A 和 G_B 中，此时无须进行任何操作；如果 $z_i \neq 0$，说明节点 z_i 只存在于 G_B 中，此时 SN_B 将 z_i 放入 V_U 中。在遍历完成后，SN_A 将所有 $p_i \in V_A$ 放入 V_U 中。V_U 包含所有至少存在于 G_A 和 G_B 其中之一的节点，即 $V_U = V_A \bigcup V_B$。最后 SN_A 将 V_U 进行升序排列，并将 V_U 发送给 SN_B。

VertexUnion 算法的伪代码如下：

Algorithm 3 $V_U \leftarrow \mathrm{VertexUnion}(V_A, V_B, pk, sk)$

Input: vertex set $V_A = \{p_1, p_2, \cdots, p_m\}$, vertex set $V_B = \{q_1, q_2, \cdots, q_n\}$, public key pk,
      private key sk

Output: vertex union V_U

1. SN_A constructs $P(x) = (x - p_1)(x - p_2) \cdots (x - p_m) = \sum_{i=0}^{m} (\alpha_i x^i)$ using V_A;

2. **for** $0 \leqslant i \leqslant m$

3. SN_A computes $[\alpha_i] = \mathrm{HOM.Enc}(\alpha_i, pk)$;

4. **end**

5. SN_A sends $[C] = \{[\alpha_0], \cdots, [\alpha_m]\}$ to SN_B;

6. **for** $1 \leqslant i \leqslant n$

7. SN_B evaluates $[P(q_i)]$ using $[C]$;

8. SN_B randomly select a non-zero number r;

9. SN_B computes $[w_i] = [P(q_i)] \otimes r$;

10. **end**

11. SN_B sends $[W] = \{[w_1], [w_2], \cdots, [w_n]\}$ to SN_A;

12. **for** $1 \leqslant i \leqslant n$

13. SN_A computes $w_i = \mathrm{HOM.Dec}([w_i], sk)$;

14.   **if** $w_i = 0$

15. SN_A computes $[w_i'] = \mathrm{HOM.Enc}(0, pk)$;

16.   **else**

17. SN_A computes $[w_i'] = \mathrm{HOM.Enc}(1, pk)$;

18.   **end**

19. **end**

20. SN_A sends $[W'] = \{[w_1'], [w_2'], \cdots, [w_n']\}$ to SN_B;

21. **for** $1 \leqslant i \leqslant n$

22. SN_B computes $[z_i] = [w_i'] \otimes q_i$;

23. **end**

24. SN_B sends $[Z] = \{[z_1], [z_2], \cdots, [z_n]\}$ to SN_A;

25. SN_A initializes an empty set V_U;

26. **for** $1 \leqslant i \leqslant n$

27. SN_A computes $z_i = \mathrm{HOM.Dec}([z_i], sk)$;

28.   **if** $z_i \neq 0$

29. SN_A inserts z_i into V_U;

30.   **end**

31. **end**

32. **for** $1 \leqslant i \leqslant m$

33. SN_A inserts p_i into V_U;

34. **end**

35. $\mathrm{SN_A}$ sorts V_U in ascending order；

36. $\mathrm{SN_A}$ sends V_U to $\mathrm{SN_B}$

3.3.5　边并集计算算法

边并集计算算法表示为 $E_U \leftarrow \mathrm{EdgeUnion}(V_U, E_A, E_B, pk, sk)$。算法的输入为节点的并集 V_U、G_A 和 G_B 中边的集合 E_A 和 E_B，以及密钥 pk 和 sk，算法的输出为 G_A 和 G_B 中边的并集 E_U。

（1）定义 G_A 和 G_B 中节点的并集为 $V_U = \{t_1, t_2, \cdots, t_h\}$，其中 $t_i \in V_A$ 或 $t_i \in V_B$，因此 t_i 可能在 V_A 或 V_B 中没有对应的节点。$\mathrm{SN_A}$ 根据 V_U 和 E_A 构建一个邻接矩阵 A_U：

$$A_U = \begin{pmatrix} a'_{1,1} & \cdots & a'_{1,h} \\ \vdots & & \vdots \\ a'_{h,1} & \cdots & a'_{h,h} \end{pmatrix}$$

如果 t_i 和 t_j 在 V_A 中存在对应的节点，那么 A_U 中的元素 $a'_{i,j}$ 表示 t_i 和 t_j 对应的节点在 E_A 中的邻接关系；如果 t_i 或 t_j 在 V_A 中不存在对应的节点，那么 $a'_{i,j} = 0$。然后 $\mathrm{SN_A}$ 使用 HOM.Enc 将 A_U 中的每一个元素进行加密，得到 $[A_U]$：

$$\begin{aligned} [A_U] &= \begin{pmatrix} [a'_{1,1}] & \cdots & [a'_{1,h}] \\ \vdots & & \vdots \\ [a'_{h,1}] & \cdots & [a'_{h,h}] \end{pmatrix} \\ &= \begin{pmatrix} \mathrm{HOM.Enc}(a'_{1,1}, pk) & \cdots & \mathrm{HOM.Enc}(a'_{1,h}, pk) \\ \vdots & & \vdots \\ \mathrm{HOM.Enc}(a'_{h,1}, pk) & \cdots & \mathrm{HOM.Enc}(a'_{h,h}, pk) \end{pmatrix} \end{aligned}$$

接下来 $\mathrm{SN_A}$ 将 $[A_U]$ 和 V_U 发送给 $\mathrm{SN_B}$。

（2）在收到 $[A_U]$ 后，$\mathrm{SN_B}$ 首先根据 V_U 和 E_B，使用和 $\mathrm{SN_A}$ 相同的方法构建邻接矩阵 B_U：

$$B_U = \begin{pmatrix} b'_{1,1} & \cdots & b'_{1,h} \\ \vdots & & \vdots \\ b'_{h,1} & \cdots & b'_{h,h} \end{pmatrix}$$

然后 $\mathrm{SN_B}$ 使用 HOM.Enc 将 B_U 中的每一个元素进行加密，得到 $[B_U]$：

$$[\boldsymbol{B}_U] = \begin{pmatrix} [b'_{1,1}] & \cdots & [b'_{1,h}] \\ \vdots & & \vdots \\ [b'_{h,1}] & \cdots & [b'_{h,h}] \end{pmatrix}$$

$$= \begin{pmatrix} \mathrm{HOM.\,Enc}(b'_{1,1}, pk) & \cdots & \mathrm{HOM.\,Enc}(b'_{1,h}, pk) \\ \vdots & & \vdots \\ \mathrm{HOM.\,Enc}(b'_{h,1}, pk) & \cdots & \mathrm{HOM.\,Enc}(b'_{h,h}, pk) \end{pmatrix}$$

接下来 SN_B 生成一个 $h \times h$ 的矩阵 $\boldsymbol{R}$，矩阵中的元素为非零随机数：

$$\boldsymbol{R} = \begin{pmatrix} r_{1,1} & \cdots & r_{1,h} \\ \vdots & & \vdots \\ r_{h,1} & \cdots & r_{h,h} \end{pmatrix}$$

下一步 SN_B 使用 Paillier 算法的同态性，计算 $[\boldsymbol{E}_U] = ([\boldsymbol{A}_U] \oplus [\boldsymbol{B}_U]) \otimes \boldsymbol{R}$：

$$[\boldsymbol{E}_U] = ([\boldsymbol{A}_U] \oplus [\boldsymbol{B}_U]) \otimes \boldsymbol{R}$$

$$= \begin{pmatrix} ([a'_{1,1}] \oplus [b'_{1,1}]) \otimes r_{1,1} & \cdots & ([a'_{1,h}] \oplus [b'_{1,h}]) \otimes r_{1,h} \\ \vdots & & \vdots \\ ([a'_{h,1}] \oplus [b'_{h,1}]) \otimes r_{h,1} & \cdots & ([a'_{h,h}] \oplus [b'_{h,h}]) \otimes r_{h,h} \end{pmatrix}$$

$$= \begin{pmatrix} [e'_{1,1}] & \cdots & [e'_{1,h}] \\ \vdots & & \vdots \\ [e'_{h,1}] & \cdots & [e'_{h,h}] \end{pmatrix}$$

然后 SN_B 将 $[\boldsymbol{E}_U]$ 发送给 SN_A。

（3）在收到 $[\boldsymbol{E}_U]$ 后，SN_A 首先使用 HOM.Dec 将 $[\boldsymbol{E}_U]$ 中的每一个密文进行解密，得到 $\boldsymbol{E}_U$：

$$\boldsymbol{E}_U = \begin{pmatrix} e'_{1,1} & \cdots & e'_{1,h} \\ \vdots & & \vdots \\ e'_{h,1} & \cdots & e'_{h,h} \end{pmatrix}$$

其中 $e'_{i,j} = \mathrm{HOM.\,Dec}([e'_{i,j}], sk)$。然后 SN_A 将 $\boldsymbol{E}_U$ 中所有的非零元素替换为 1。替换后的矩阵即是 G_A 和 G_B 中边的并集，即 $\boldsymbol{E}_U = \boldsymbol{E}_A \bigcup \boldsymbol{E}_B$。

EdgeUnion 算法的伪代码如下：

Algorithm 4 $\boldsymbol{E}_U \leftarrow \mathrm{EdgeUnion}(V_U, \boldsymbol{E}_A, \boldsymbol{E}_B, pk, sk)$

Input：vertex union $V_U = \{t_1, t_2, \cdots, t_h\}$，edge set $\boldsymbol{E}_A$ and $\boldsymbol{E}_B$，public key pk，private key sk

Output：edge union $\boldsymbol{E}_U$

1. SN_A constructs $\boldsymbol{A}_U = \begin{pmatrix} a'_{1,1} & \cdots & a'_{1,h} \\ \vdots & & \vdots \\ a'_{h,1} & \cdots & a'_{h,h} \end{pmatrix}$ using V_U and $\boldsymbol{E}_A$;

2. **for** $1 \leqslant i \leqslant h$

3. 　**for** $1 \leqslant j \leqslant h$

4. 　　SN_A computes $[a'_{i,j}] = HOM.Enc(a'_{i,j}, pk)$;

5. 　**end**

6. **end**

7. SN_A sends $[\boldsymbol{A}_U] = \begin{pmatrix} [a'_{1,1}] & \cdots & [a'_{1,h}] \\ \vdots & & \vdots \\ [a'_{h,1}] & \cdots & [a'_{h,h}] \end{pmatrix}$ to SN_B;

8. SN_B constructs $\boldsymbol{B}_U = \begin{pmatrix} b'_{1,1} & \cdots & b'_{1,h} \\ \vdots & & \vdots \\ b'_{h,1} & \cdots & b'_{h,h} \end{pmatrix}$ using V_U and $\boldsymbol{E}_B$;

9. **for** $1 \leqslant i \leqslant h$

10. 　**for** $1 \leqslant j \leqslant h$

11. 　　SN_B computes $[b'_{i,j}] = HOM.Enc(b'_{i,j}, pk)$;

12. 　　SN_B randomly select a non-zero number $r_{i,j}$;

13. 　　SN_B computes $[e'_{1,1}] = ([a'_{i,j}] \oplus [b'_{i,j}]) \otimes r_{i,j}$;

14. 　**end**

15. **end**

16. SN_B sends $[\boldsymbol{E}_U] = \begin{pmatrix} [e'_{1,1}] & \cdots & [e'_{1,h}] \\ \vdots & & \vdots \\ [e'_{h,1}] & \cdots & [e'_{h,h}] \end{pmatrix}$ to SN_A;

17. **for** $1 \leqslant i \leqslant h$

18. 　**for** $1 \leqslant j \leqslant h$

19. 　　SN_A computes $e'_{i,j} = HOM.Dec([e'_{i,j}], sk)$;

20. 　　**if** $e'_{i,j} \neq 0$

21. 　　　SN_A sets $e'_{i,j} = 1$

22. 　　**end**

23. 　**end**

24. **end**

25. SN_A obtains $\boldsymbol{E}_U = \begin{pmatrix} e'_{1,1} & \cdots & e'_{1,h} \\ \vdots & & \vdots \\ e'_{h,1} & \cdots & e'_{h,h} \end{pmatrix}$

在 EdgeUnion 算法结束后，SN_A 同时获取了 V_U 和 E_U，即获取了 G_A 和 G_B 的并集 $G_U = (V_U, \boldsymbol{E}_U)$。

3.3.6 PGO 协议流程

PGO 协议在计算 G_A 和 G_B 的交集时的流程如图 3-3 所示。在 Vertex-Intersection 算法中，SN_A 和 SN_B 都获得了 V_A 和 V_B 的交集 V_I；在 EdgeIntersection 算法中，SN_A 获得了 E_A 和 E_B 的交集 E_I。在以上两个算法结束后，SN_A 获得了 G_A 和 G_B 的交集 G_I。

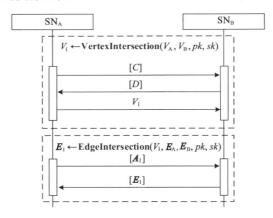

图 3-3　PGO 协议交集计算流程图

在计算 G_A 和 G_B 的并集时，PGO 协议的流程如图 3-4 所示。SN_A 和 SN_B

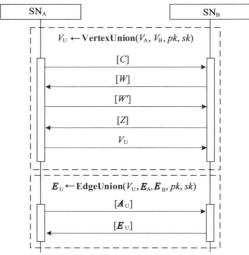

图 3-4　PGO 协议并集计算流程图

首先执行 VertexUnion 算法,并各自获得了 V_A 和 V_B 的并集 V_U。然后 SN_A 和 SN_B 执行 EdgeUnion 算法,并且 SN_A 获得了 E_A 和 E_B 的并集 E_U。最终,SN_A 获得了 G_A 和 G_B 的并集 G_U。

3.4　协议正确性和安全性证明

3.4.1　PGO 协议正确性证明

为了证明 PGO 协议的正确性,需要证明当 SN_A 和 SN_B 正确地执行协议的所有算法时,对于任意的密钥 (pk, sk)←KeyGen(k),以及任意的 $G_A = (V_A, E_A)$ 和 $G_B = (V_B, E_B)$,VertexIntersection 算法和 EdgeIntersection 算法的结果为 G_A 和 G_B 的交集;VertexUnion 算法和 EdgeUnion 算法的结果为 G_A 和 G_B 的并集。

证明:在 VertexIntersection 算法中,首先 SN_A 根据 V_A 中的节点构建了一个多项式 $P(x)$,$P(x)$ 满足当且仅当 $x \in V_A$ 时,$P(x) = 0$。然后 SN_B 获取了 $P(x)$ 的所有系数的 Paillier 密文。因为 Paillier 具有同态性,即两个密文之间可以实现同态加法,并且一个密文和一个明文之间可以实现同态乘法,所以 SN_B 可以根据所有系数的密文,以 V_B 中的每一个节点 q_i 作为输入,同态地对 $P(q_i)$ 进行求值,其求值结果同样为 Paillier 密文 $[P(q_i)]$。$[P(q_i)]$ 满足:当且仅当 $q_i \in V_A$ 时,$[P(q_i)] = [0]$,其中 $[0]$ 表示 0 的密文。接下来 SN_B 使用 Paillier 加密算法将 q_i 进行加密,并选择非零随机数 r,同态地计算 $[d_i] = ([P(q_i)] \otimes r) \oplus [q_i]$。当 $q_i \in V_A$ 时,$[d_i] = ([0] \otimes r) \oplus [q_i] = [0] \oplus [q_i] = [q_i]$;当 $q_i \notin V_A$ 时,$[P(q_i)] \otimes r$ 可以看作是随机的密文,因此 $[d_i]$ 也可以看作是随机的密文。最后,SN_A 将所有 $[d_i]$ 进行解密。解密结果中所有满足 $d_i \in V_A$ 的节点即为 G_A 和 G_B 的公共节点,即 $d_i \in V_A$ 且 $d_i \in V_B$,因此 $d_i \in V_I$。在所有解密结果遍历完成后,SN_A 即可获得完整的节点的交集 $V_I = V_A \bigcap V_B$。

在 EdgeIntersection 算法中,SN_A 和 SN_B 共同计算 E_A 和 E_B 的交集 E_I。E_I 是一个 $g \times g$ 的邻接矩阵,其中 g 是 V_I 中节点的个数。E_I 需要满足:当且仅当一条边同时存在于 G_A 和 G_B 中,其在 E_I 中对应的位置的值为 1;否则其在 E_I 中对应的位置的值为 0。首先 SN_A 根据 V_I 和 E_A 构建了一个 $g \times g$ 的邻接矩阵 A_I。定义 $V_I = \{s_1, s_2, \cdots, s_g\}$,$A_I$ 中的元素 $a_{i,j}$ 代表 V_I 中的两个节点在 E_A 中的邻接关系。如果 s_i 和 s_j 在 E_A 中是邻接的,那么 $a_{i,j} = 1$;否则 $a_{i,j} = 0$。然后 SN_B

根据 V_I 和 E_B 以同样的方式构建了一个 $g \times g$ 的邻接矩阵 $\boldsymbol{B}_I$。$\boldsymbol{B}_I$ 中的元素 $b_{i,j}$ 代表 V_I 中的两个节点在 E_B 中的邻接关系。如果一条边同时存在于 G_A 和 G_B 中,那么其在 $\boldsymbol{A}_I$ 和 $\boldsymbol{B}_I$ 中对应位置的值都是 1;如果一条边只存在于 G_A 或 G_B 其中之一,那么其在 $\boldsymbol{A}_I$ 或 $\boldsymbol{B}_I$ 中对应位置的值为 1,在另一个邻接矩阵中对应的位置为 0;如果一条边在 G_A 和 G_B 中都不存在,那么其在 $\boldsymbol{A}_I$ 和 $\boldsymbol{B}_I$ 中对应的位置的值都为 0。

接下来,SN_B 同态地计算 $[\boldsymbol{E}_I] = [\boldsymbol{A}_I] \otimes \boldsymbol{B}_I$,其中 $[\boldsymbol{A}_I]$ 是 $\boldsymbol{A}_I$ 的 Paillier 密文。对于同时存在于 G_A 和 G_B 中的边,其计算结果是 $[a_{i,j}] \otimes b_{i,j} = [1] \otimes 1 = [1]$;对于存在于 G_A 或 G_B 其中之一的边,其计算结果是 $[a_{i,j}] \otimes b_{i,j} = [1] \otimes 0 = [0]$ 或 $[a_{i,j}] \otimes b_{i,j} = [0] \otimes 1 = [0]$;对于同时不存在于 G_A 和 G_B 中的边,其计算结果是 $[a_{i,j}] \otimes b_{i,j} = [0] \otimes 0 = [0]$。因此 $[\boldsymbol{A}_I] \otimes \boldsymbol{B}_I$ 的计算结果在解密后为 G_A 和 G_B 边的交集 E_I。最后,SN_A 对 $[\boldsymbol{E}_I]$ 进行解密,得到 G_A 和 G_B 边的交集 $E_I = E_A \bigcap E_B$。

综上所述,如果 SN_A 和 SN_B 正确地执行 VertexIntersection 和 EdgeInter-section 算法,那么以上两个算法的结果为 G_A 和 G_B 的交集 $G_I = G_A \bigcap G_B = (V_I, E_I)$。

在 VertexUnion 算法中,SN_A 和 SN_B 共同计算 V_A 和 V_B 的并集 V_U。首先 SN_A 构建多项式 $P(x)$,同时将 $P(x)$ 的所有系数加密并发送给 SN_B。然后 SN_B 以 V_B 中的节点 q_i 作为输入,同态地计算 $[P(q_i)]$。接下来 SN_B 选择非零随机数 r,同态地计算 $[w_i] = [P(q_i)] \otimes r$。当 $q_i \in V_A$ 时,$[w_i] = [P(q_i)] \otimes r = [0] \otimes r = [0]$;当 $q_i \notin V_A$ 时,$[w_i]$ 可以看作是随机的密文。然后,SN_A 解密所有的密文 $[w_i]$。在解密后,如果 $w_i = 0$,SN_A 计算 $[w_i'] = HOM.Enc(0, pk) = [0]$;如果 $w_i \neq 0$,SN_A 计算 $[w_i'] = HOM.Enc(1, pk) = [1]$。根据以上计算,如果 $q_i \in V_A$,那么 $[w_i'] = [0]$;如果 $q_i \notin V_A$,那么 $[w_i'] = [1]$。下一步,SN_B 同态地计算 $[z_i] = [w_i'] \otimes q_i$。如果 $q_i \in V_A$,那么 $[z_i] = [0] \otimes q_i = [0]$;如果 $q_i \notin V_A$,那么 $[z_i] = [1] \otimes q_i = [q_i]$。接下来,$SN_A$ 将所有的 $[z_i]$ 解密,如果 $z_i \neq 0$,则说明 z_i 只存在于 G_B 中,并将 z_i 添加到节点的并集 V_U 中;如果 $z_i = 0$,则说明 z_i 同时存在于 G_A 和 G_B 中,不需要进行任何操作。在所有解密结果遍历完成后,SN_A 将 V_A 中所有的节点添加到 V_U 中,即可获得完整的节点的并集 $V_U = V_A \bigcup V_B$。

在 EdgeUnion 算法中,SN_A 和 SN_B 共同计算 E_A 和 E_B 的并集 E_U。E_U 是一个 $h \times h$ 的邻接矩阵,其中 h 是 V_U 中节点的个数。E_U 需要满足:当一条边至少存在于 G_A 或 G_B 其中之一时,其在 E_U 中对应位置的值为 1;否则其在 E_U 中对应位置的值为 0。首先,SN_A 根据 V_U 和 E_A 构建了一个 $h \times h$ 的邻接矩阵

A_U。定义 $V_U = \{t_1, t_2, \cdots, t_h\}$，$A_U$ 中的元素 $a'_{i,j}$ 代表 V_U 中的两个节点在 E_A 中的邻接关系。如果 t_i 和 t_j 在 E_A 中是邻接的，那么 $a'_{i,j} = 1$；否则 $a'_{i,j} = 0$。然后，SN_B 根据 V_U 和 E_B 以同样的方式构建了一个 $h \times h$ 的邻接矩阵 B_U。B_U 中的元素 $b'_{i,j}$ 代表 V_U 中的两个节点在 E_B 中的邻接关系。如果一条边同时存在于 G_A 和 G_B 中，那么其在 A_U 和 B_U 中对应位置的值都是 1；如果一条边只存在于 G_A 或 G_B 其中之一，那么其在 A_U 或 B_U 中对应位置的值为 1，在另一个邻接矩阵中对应的位置为 0；如果一条边在 G_A 和 G_B 中都不存在，那么其在 A_U 和 B_U 中对应的位置的值都为 0。

接下来，SN_B 生成由非零随机数组成的 $h \times h$ 矩阵 R，并计算同态的 $[E_U] = ([A_U] \oplus [B_U]) \otimes R$。对于同时存在于 G_A 和 G_B 中的边，其计算结果是 $([a'_{i,j}] \oplus [b'_{i,j}]) \otimes r_{i,j} = ([1] \oplus [1]) \otimes r_{i,j} = [2] \otimes r_{i,j} = [2r_{i,j}]$，可以看作是随机数的密文；对于存在于 G_A 或 G_B 其中之一的边，其计算结果是 $([a'_{i,j}] \oplus [b'_{i,j}]) \otimes r_{i,j} = ([1] \oplus [0]) \otimes r_{i,j} = [1] \otimes r_{i,j} = [r_{i,j}]$ 或 $([a'_{i,j}] \oplus [b'_{i,j}]) \otimes r_{i,j} = ([0] \oplus [1]) \otimes r_{i,j} = [1] \otimes r_{i,j} = [r_{i,j}]$，也可以看作是随机数的密文；对于同时不存在于 G_A 和 G_B 中的边，其计算结果是 $([a'_{i,j}] \oplus [b'_{i,j}]) \otimes r_{i,j} = ([0] \oplus [0]) \otimes r_{i,j} = [0] \otimes r_{i,j} = [0]$。下一步，$SN_A$ 将 $[E_U]$ 进行解密，获得 E_U。E_U 满足：当一条边至少存在于 G_A 或 G_B 其中之一时，其在 E_U 中对应的位置的值为随机数；否则其在 E_U 中对应的位置的值为 0。最后，SN_A 将 E_U 中所有非 0 的值替换为 1，即得到了 G_A 和 G_B 边的并集 $E_U = E_A \bigcup E_B$。

综上所述，如果 SN_A 和 SN_B 正确地执行 VertexUnion 和 EdgeUnion 算法，那么以上两个算法的结果为 G_A 和 G_B 的并集 $G_U = G_A \bigcup G_B = (V_U, E_U)$。

根据以上分析，可以证明当 SN_A 和 SN_B 正确地执行协议的所有算法时，对于任意的密钥 $(pk, sk) \leftarrow \text{KeyGen}(k)$，以及任意的 $G_A = (V_A, E_A)$ 和 $G_B = (V_B, E_B)$，PGO 协议能够正确地计算 $G_I = G_A \bigcap G_B$ 和 $G_U = G_A \bigcup G_B$。

3.4.2 PGO 协议安全性证明

定理 3.1　PGO 协议隐私保护性：如果 Paillier 是安全的同态加密方案，其中密钥生成算法 HOM.Gen、加密算法 HOM.Enc、解密算法 HOM.Dec 是安全的，那么基于此，同态加密方案构建 PGO 协议在泄露函数 L_1 和 L_2 下满足安全性定义。

分析：在证明 PGO 协议的隐私保护性时，首先证明 SN_A 在协议过程中无法从接收到的信息里获取任何关于 G_B 的信息，除了泄露函数 L_1 中的信息和协议的结果；然后再证明 SN_B 在协议过程中无法从接收到的信息里获取任何关于 G_A 的信息，除了泄露函数 L_2 中的信息。

证明：在 VertexIntersection 算法中，SN_A 接收到的信息为 $[D]$，其中包含 n 个 Paillier 密文。从 $[D]$ 中，SN_A 可以获取 V_B 中节点的数量，该信息包含在泄露函数 L_1 中。$[D]$ 中的每一个密文为 $[d_i] = ([P(q_i)] \otimes r) \oplus [q_i]$，其解密后的明文 d_i 满足：① 如果 q_i 存在于 V_A 中，即 $q_i \in V_A$，那么 q_i 是 G_A 和 G_B 的公共节点，即 $q_i \in V_1$，该信息是 PGO 协议结果的一部分；② 如果 q_i 不存在于 V_A 中，即 $q_i \notin V_A$，那么 d_i 是一个随机数，不包含任何关于 G_B 的信息。

在 EdgeIntersection 算法中，SN_A 接收到的信息为 $[E_1]$，其中包含 $g \times g$ 个 Paillier 密文。$[E_1]$ 中的每一个密文为 $[e_{i,j}] = [a_{i,j}] \otimes b_{i,j}$，$[E_1]$ 解密后的明文为 G_A 和 G_B 中边的交集 E_1，该信息是 PGO 协议结果的一部分。

综上所述，在 VertexIntersection 和 EdgeIntersection 算法中，SN_A 无法获取任何关于 G_B 的信息，除了泄露函数 L_1 中的信息和协议的结果。

在 VertexUnion 算法中，SN_A 接收到的信息为 $[W]$ 和 $[Z]$。$[W]$ 中包含 n 个 Paillier 密文。从 $[W]$ 中，SN_A 可以获取 V_B 中节点的数量，该信息包含在泄露函数 L_1 中。$[W]$ 中的每一个密文为 $[w_i] = [P(q_i)] \otimes r$，其解密后的明文 w_i 满足：① 如果 q_i 存在于 V_A 中，即 $q_i \in V_A$，那么 $w_i = 0$，通过查看明文中 0 的数量，SN_A 可以获得 G_A 和 G_B 的公共节点的数量，即 $|V_1|$，该信息是 PGO 协议结果的一部分；② 如果 q_i 不存在于 V_A 中，即 $q_i \notin V_A$，那么 d_i 是一个随机数，不包含任何关于 G_B 的信息。

$[Z]$ 中包含 n 个 Paillier 密文。从 $[Z]$ 中，SN_A 可以获取 V_B 中节点的数量，该信息包含在泄露函数 L_1 中。$[Z]$ 中的每一个密文为 $[z_i] = [w_i'] \otimes q_i$，其解密后的明文 z_i 满足：① 如果 $q_i \in V_A$，那么 $z_i = 0$，通过查看明文中 0 的数量 SN_A 可以获得 G_A 和 G_B 的公共节点的数量，该信息是 PGO 协议结果的一部分；② 如果 q_i 不存在于 V_A 中，即 $q_i \notin V_A$，那么 $z_i = q_i$，其表示一个只存在于 V_B 中而不存在于 V_A 中的节点，该节点是 G_A 和 G_B 中节点的并集中的一个节点，即 $q_i \in V_U$，该信息是 PGO 协议结果的一部分。

在 EdgeUnion 算法中，SN_A 接收到的信息为 $[E_U]$，其中包含 $h \times h$ 个 Paillier 密文。$[E_U]$ 中的每一个密文为 $[e'_{i,j}] = ([a'_{i,j}] \oplus [b'_{i,j}]) \otimes r_{i,j}$，其解密后的明文 $e'_{i,j}$ 满足：① 如果一条边不存在于 G_A 和 G_B 中，那么 $e'_{i,j} = 0$；② 如果一条边至少存在于 G_A 或 G_B 其中之一，那么 $e'_{i,j}$ 的值为随机数。SN_A 通过将 E_U 中所有不为 0 的数替换为 1，即可得到 G_A 和 G_B 中边的并集 E_U，该信息是 PGO 协

议结果的一部分。

综上所述，在 VertexUnion 和 EdgeUnion 算法中，SN_A 无法获取任何关于 G_B 的信息，除了泄露函数 L_1 中的信息和协议的结果。

在 VertexIntersection 算法中，SN_B 接收到的信息为 $[C]$ 和 V_I。$[C]$ 中包含 $m+1$ 个 Paillier 密文，是多项式 $P(x)$ 的系数的密文。SN_B 根据 $[C]$ 中密文的数量，可以获取 V_A 中节点的数量，该信息包含在泄露函数 L_2 中。V_I 是 G_A 和 G_B 中节点的交集，该信息包含在泄露函数 L_2 中。

在 EdgeIntersection 算法中，SN_B 接收到的信息为 $[A_I]$，$[A_I]$ 是一个包含 $g \times g$ 个 Paillier 密文的矩阵，$[A_I]$ 中的元素为 $[0]$ 或 $[1]$。通过 $[A_I]$ 矩阵的大小，SN_B 能够获取 V_I 中节点的数量，该信息包含在泄露函数 L_2 中。

为了证明 SN_B 无法从 $[C]$ 和 $[A_I]$ 获取任何关于 G_A 的信息，除了泄露函数 L_2，需要设计真实环境实验和模拟环境实验，在实验中将 SN_B 视为敌手 A。在真实环境实验中，A 与 SN_A 共同执行 VertexIntersection 和 EdgeIntersection 算法；在模拟环境实验中，A 与一个模拟器 S 进行交互，S 在交互时不执行 PGO 协议中的算法，只根据泄露函数 L_2 返回随机数。如果 A 无法以不可忽略的优势区分两个实验，则说明 $[C]$ 和 $[A_I]$ 中不包含任何除了泄露函数 L_2 的信息。

真实环境实验 $\text{Real}_A(1^k)$ 的定义如下：

$\qquad \text{Real}_A(1^k)$:

$\qquad\qquad (G_0, G_1) \leftarrow A$

$\qquad\qquad b \xleftarrow{\$} \{0,1\}$

$\qquad\qquad (pk, sk) \leftarrow \text{Setup}(k)$

$\qquad\qquad [C], V_I \leftarrow \text{VertexIntersection}(V_A, V_B, pk, sk)$

$\qquad\qquad [A_I] \leftarrow \text{EdgeIntersection}(V_I, E_A, E_B, pk, sk)$

$\qquad\qquad b' \leftarrow A([C], [A_I], V_I)$

$\qquad\qquad \text{if } b' = b$:

$\qquad\qquad\qquad \text{output } 1$

$\qquad\qquad \text{else}$:

$\qquad\qquad\qquad \text{output } 0$

在 $\text{Real}_A(1^k)$ 中，SN_B 为 PPT 时间的半诚实敌手 A，其持有任意的图结构 $G_B = (V_B, E_B)$。首先 A 任意构造两个图结构 G_0 和 G_1，其中 $G_0 = (V_0, E_0)$，$G_1 = (V_1, E_1)$。根据泄露函数 L_2，G_0 和 G_1 需要满足以下条件：① $G_0 \bigcap G_B = G_1 \bigcap G_B$；② $|V_0| = |V_1|$。然后 A 将 G_0 和 G_1 发送给 SN_A。SN_A 随机选择一个比特 $b=0$ 或 $b=1$，并将 G_b 作为自己的图结构。接下来 A 和 SN_A 共同执行 VertexIntersection 和 EdgeIntersection 算法。

在 VertexIntersection 算法中，A 从 SN_A 收到 $[C]$ 和 V_1。$[C]$ 中包含 $m+1$ 个 Paillier 密文，其中 $m=|V_b|$。由于条件 $|V_0|=|V_1|$，所以 $[C]$ 中密文的数量对于 G_0 和 G_1 是一样的。由于 A 没有 Paillier 的私钥 sk，所以 A 无法解密 $[C]$ 中密文。由于 Paillier 方案满足 IND-CPA 安全性，所以 A 无法在没有私钥的情况下以不可忽略的概率区分两个密文，即使它知道这两个密文对应的明文，因此 A 无法根据 $[C]$ 区分 G_0 和 G_1。由于条件 $G_0 \bigcap G_B = G_1 \bigcap G_B$，$V_1$ 对于 G_0 和 G_1 是一样的，因此 A 无法根据 V_1 区分 G_0 和 G_1。

在 EdgeIntersection 算法中，A 从 SN_A 收到 $[A_1]$，其中包含 $g \times g$ 个 Paillier 密文。由于 A 没有 Paillier 的私钥 sk，A 无法在没有密钥的情况下根据 $[A_1]$ 区分 G_0 和 G_1。

在实验的最后，A 根据其获取到的信息（$[C]$、$[A_1]$、V_1）输出一个比特 b'。如果 $b'=b$，实验输出 1；如果 $b' \neq b$，实验输出 0。根据以上分析，A 无法根据其获取到的信息区分 G_0 和 G_1，因此 A 无法以不可忽略的概率使 $Real_A(1^k)$ 实验输出 1 或 0。综上所述，在真实环境实验中，A 的优势是可忽略的，即 $Adv(Real_A) = |Pr[Real_A(1^k)=1]-1/2| = negl(k)$，其中 $negl()$ 为可忽略函数。

接下来构建模拟环境实验 $Ideal_{A,S}(1^k, L_2)$。在模拟环境实验中，敌手 A 和模拟器 S 进行交互，其交互过程与真实环境实验相似。在 VertexIntersection 算法中，S 向 A 发送 $m+1$ 个随机数的密文。在 EdgeIntersection 算法中，S 向 A 发送一个 $g \times g$ 的密文矩阵，该矩阵由随机数的密文组成。在以上过程中，m 和 g 都包含在泄露函数 L_2 中。

由于 Paillier 方案满足 IND-CPA 安全性，因此 A 无法在没有私钥的情况下以不可忽略的概率区分一个特定的密文和一个随机数的密文。由以上结论可以得出，A 在模拟环境实验中的优势也是可忽略的，即 $Adv(Ideal_{A,S}) = |Pr[Ideal_{A,S}(1^k, L_2)=1]-1/2| = negl(k)$。

综上所述，在 VertexIntersection 和 EdgeIntersection 算法中，SN_B 无法获取任何关于 G_A 的信息，除了泄露函数 L_2 中的信息。

在 VertexUnion 算法中，SN_B 接收到的信息为 $[C]$、$[W']$ 和 V_U。在本节前面的分析中，$[C]$ 中不包含任何关于 G_A 的信息，除了泄露函数 L_2 中的信息。$[W']$ 中包含 n 个 Paillier 密文，每个密文为 $[0]$ 或 $[1]$。V_U 是 G_A 和 G_B 中节点的并集，该信息包含在泄露函数 L_2 中。

在 EdgeUnion 算法中，SN_B 接收到的信息为 $[A_U]$，$[A_U]$ 是一个包含 $h \times h$

个 Paillier 密文的矩阵，$[\boldsymbol{A}_U]$ 中的元素为 $[0]$ 或 $[1]$。根据 $[\boldsymbol{A}_U]$ 矩阵的大小，SN_B 能够获取 V_U 中节点的数量，该信息包含在泄露函数 L_2 中。

为了证明 SN_B 无法从 $[\boldsymbol{W}']$ 和 $[\boldsymbol{A}_U]$ 获取任何关于 G_A 的信息，除了泄露函数 L_2 中的信息，需要构建真实环境实验和模拟环境实验。

真实环境实验 $\mathrm{Real}_A(1^k)$ 的定义如下：

$$\begin{aligned}
&\mathrm{Real}_A(1^k):\\
&(G_0,G_1)\leftarrow A\\
&b\overset{\$}{\leftarrow}\{0,1\}\\
&(pk,sk)\leftarrow \mathrm{Setup}(1^k)\\
&[C],[W'],V_U\leftarrow \mathrm{VertexUnion}(V_A,V_B,pk,sk)\\
&[\boldsymbol{A}_U]\leftarrow \mathrm{EdgeUnion}(V_U,\boldsymbol{E}_A,\boldsymbol{E}_B,pk,sk)\\
&b'\leftarrow A([C],[W'],[\boldsymbol{A}_U],V_U)\\
&\text{if } b'=b:\\
&\quad \text{output } 1\\
&\text{else}:\\
&\quad \text{output } 0
\end{aligned}$$

在 $\mathrm{Real}_A(1^k)$ 中，根据泄露函数 L_2，G_0 和 G_1 需要满足条件：① $G_0\bigcup G_B=G_1\bigcup G_B$；② $|V_0|=|V_1|$。A 和 SN_A 在实验中共同执行 VertexUnion 和 Edge-Union 算法。

在 VertexUnion 算法中，A 从 SN_A 收到 $[W']$，其中包含 n 个 Paillier 密文，每个密文为 $[0]$ 或 $[1]$。由于 Paillier 满足 IND-CPA 安全性，A 无法在没有私钥的情况下以不可忽略的概率区分 $[0]$ 和 $[1]$，因此 A 无法根据 $[W']$ 区分 G_0 和 G_1。

在 EdgeUnion 算法中，A 从 SN_A 收到 $[\boldsymbol{A}_U]$，其中包含 $h\times h$ 个 Paillier 密文，每个密文为 $[0]$ 或 $[1]$，A 无法在没有密钥的情况下根据 $[\boldsymbol{A}_U]$ 区分 G_0 和 G_1。

在 $\mathrm{Real}_A(1^k)$ 实验的最后，A 根据其获取到的信息（$[C]$、$[W']$、$[\boldsymbol{A}_U]$、V_U）输出一个比特 b'。根据以上分析，A 无法根据其获取到的信息区分 G_0 和 G_1，因此 A 在以上实验中的优势是可忽略的，即 $\mathrm{Adv}(\mathrm{Real}_A)=|\Pr[\mathrm{Real}_A(1^k)=1]-1/2|=negl(k)$。

接下来构建模拟环境实验 $\mathrm{Ideal}_{A,S}(1^k,L_2)$。在模拟环境实验的 Vertex-Union 算法中，S 向 A 发送 $m+1$ 个随机数的密文和 n 个随机数的密文。在 EdgeUnion 算法中，S 向 A 发送一个 $h\times h$ 的密文矩阵，该矩阵由随机数的密文组成。在以上步骤中，m 和 h 都包含在泄露函数 L_2 中。

由于 Paillier 方案满足 IND-CPA 安全性，A 在模拟环境实验中的优势也是

可忽略的,即 $\mathrm{Adv}(\mathrm{Ideal}_{A,s}) = |\mathrm{Pr}[\mathrm{Ideal}_{A,s}(1^k, L_2) = 1] - 1/2| = negl(k)$。

综上所述,在 VertexUnion 和 EdgeUnion 算法中,SN_B 无法获取任何关于 G_A 的信息,除了泄露函数 L_2 中的信息。

根据本节的安全性分析,可以证明 PGO 协议满足隐私保护性,即半诚实的 SN_A 无法获取任何关于 G_B 的信息,除了泄露函数 L_1 中的信息和协议的结果;半诚实的 SN_B 无法获取任何关于 G_A 的信息,除了泄露函数 L_2 中的信息。

3.5 协议代价分析

本节分析 PGO 协议的计算代价和通信代价。在分析计算代价时,分别分析 SN_A 和 SN_B 两个参与者在协议的算法中执行的乘法运算和指数运算的数量;在分析通信代价时,主要考虑 SN_A 和 SN_B 之间所传输的 Paillier 密文的数量。

为了方便描述,在本节中定义 mul 表示乘法运算,定义 exp 表示幂运算,定义 c 表示 Paillier 密文。Paillier 同态加密方案的加密过程需要 2 次幂运算和 1 次乘法运算,解密过程需要 1 次幂运算,同态加法计算过程需要 1 次乘法运算,同态乘法计算过程需要 1 次幂运算。同态地进行 m 阶多项式求值的计算代价为 $O(m)\exp + O(m)\mathrm{mul}$。

(1) 计算代价

在 PGO 协议中,SN_A 执行 Setup、VertexIntersection、EdgeIntersection、VertexUnion 和 EdgeUnion 算法。Setup 算法为密钥生成算法,可以离线执行,因此在本节中忽略其计算代价。SN_A 在其余算法的详细计算代价如下:在 VertexIntersection 算法中,SN_A 执行 $m+1$ 次加密和 n 次解密,即 $O(m)\exp + O(n)\exp$;在 EdgeIntersection 算法中,SN_A 执行 g^2 次加密和 g^2 次解密,即 $O(g^2)\exp$;在 VertexUnion 算法中,SN_A 执行 $m+1$ 次加密、$2n$ 次解密、n 次加密,即 $O(m)\exp + O(n)\exp$;在 EdgeUnion 算法中,SN_A 执行 h^2 次加密和 h^2 次解密,即 $O(h^2)\exp$。综上所述,SN_A 在 PGO 协议中的计算代价为 $O(m+n+g^2+h^2)\exp$。

在 PGO 协议中,SN_B 执行 VertexIntersection、EdgeIntersection、VertexUnion 和 EdgeUnion 算法,每个算法的详细计算代价为:在 VertexIntersection 算法中,SN_B 执行 n 次 m 阶多项式求值、n 次加密、n 次同态加法、n 次同态乘法,即 $O(mn)\exp + O(mn)\mathrm{mul}$;在 EdgeIntersection 算法中,$SN_B$ 执行 g^2 次同态

乘法，即 $O(g^2)\exp$；在 VertexUnion 算法中，SN_B 执行 n 次 m 阶多项式求值、n 次加密、$2n$ 次同态乘法，即 $O(mn)\exp+O(mn)\mathrm{mul}$；在 EdgeUnion 算法中，$SN_B$ 执行 h^2 次加密、h^2 次同态加法、h^2 次同态乘法，即 $O(h^2)\exp+O(h^2)\mathrm{mul}$。综上所述，$SN_B$ 在 PGO 协议中的计算代价为 $O(g^2+h^2+mn)\exp+O(mn)\mathrm{mul}$。

PGO 协议的计算代价如表 3-2 所列。

表 3-2　PGO 协议计算代价

算法	SN_A	SN_B
VertexIntersection	$O(m)\exp+O(n)\exp$	$O(mn)\exp+O(mn)\mathrm{mul}$
EdgeIntersection	$O(g^2)\exp$	$O(g^2)\exp$
VertexUnion	$O(m)\exp+O(n)\exp$	$O(mn)\exp+O(mn)\mathrm{mul}$
EdgeUnion	$O(h^2)\exp$	$O(h^2)\exp+O(h^2)\mathrm{mul}$

（2）通信代价

在 PGO 协议中，SN_A 在 VertexIntersection 算法中，发送了 $m+1$ 个密文；在 EdgeIntersection 算法中，发送了 g^2 个密文；在 VertexUnion 算法中，发送了 $m+1$ 个密文和 n 个密文；在 EdgeUnion 算法中，发送了 h^2 个密文。综上所述，SN_A 的通信代价为 $O(m+n+g^2+h^2)\mathrm{c}$。

SN_B 在 VertexIntersection 算法中，发送了 n 个密文；在 EdgeIntersection 算法中，发送了 g^2 个密文；在 VertexUnion 算法中，发送了 $2n$ 个密文；在 EdgeUnion 算法中，发送了 h^2 个密文。综上所述，SN_B 的通信代价为 $O(n+g^2+h^2)\mathrm{c}$。

PGO 协议的通信代价如表 3-3 所列。

表 3-3　PGO 协议通信代价

算法	SN_A	SN_B
VertexIntersection	$O(m)\mathrm{c}$	$O(n)\mathrm{c}$
EdgeIntersection	$O(g^2)\mathrm{c}$	$O(g^2)\mathrm{c}$
VertexUnion	$O(m+n)\mathrm{c}$	$O(n)\mathrm{c}$
EdgeUnion	$O(h^2)\mathrm{c}$	$O(h^2)\mathrm{c}$

3.6　仿真实验

本节对提出的 PGO 协议进行了编程实现,并使用真实的社交网络图结构数据集进行了仿真实验。编程实现和仿真实验的操作系统为 Windows 10,硬件环境为 Intel i7-7700K @ 4.20 GHz CPU、32 GB 内存,编程语言为 Python,Paillier 同态加密方案使用 Python 的 phe 库。

3.6.1　实验配置

仿真实验使用的数据集为 SNAP 中的 musae-twitch 数据集[104],该数据集是 twitch 直播平台中的社交网络数据,其中包含 34 118 个节点和 429 113 个边。在进行实验时,SN_A 和 SN_B 分别随机选取 musae-twitch 中的一个子图,两个子图中节点的数量为 $100 \sim 1\,000$,每次实验递增 100。另外,在为 SN_A 和 SN_B 选取子图时,G_A 和 G_B 中节点的数量相同,并且要求 G_A 和 G_B 中 30% 的节点为公共节点,避免两个子图的交集计算结果为空。在进行实验时,每个实验重复进行 10 次,取平均值作为最终结果。

3.6.2　PGO 协议计算开销

图 3-5 所示为实验中 SN_A 和 SN_B 的整体计算开销,图中的横坐标为 G_A 和 G_B 中节点的数量,纵坐标为计算所需的时间(单位为秒)。从图 3-5 中可以看出,在 PGO 协议中 SN_A 和 SN_B 的计算开销相似。随着 G_A 和 G_B 中节点的数量不断增加,g 和 h 的值也不断增长,协议的整体计算开销呈指数增长趋势,符合3.5 节的分析结果。

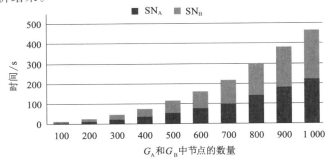

图 3-5　GPO 协议计算开销

实验中每个算法的计算开销如表 3-4 所示。从表 3-4 中可以看出，PGO 协议中最耗时的部分为 EdgeUnion 算法，SN_A 和 SN_B 在该算法中的计算代价分别为 $O(h^2)\exp$ 和 $O(h^2)\exp + O(h^2)\mathrm{mul}$；其他算法耗时很少，在图结构节点的数量较多时，它们的耗时相对于 EdgeUnion 算法可以基本忽略。

表 3-4　PGO 协议每个算法的计算开销 　　　　　单位：s

算法	G_A 和 G_B 中节点数量									
	100	200	300	400	500	600	700	800	900	1 000
Vertex-Intersection	2.28	2.33	2.77	2.66	2.65	2.66	2.61	2.85	3.24	2.79
Edge-Intersection	1.84	2.28	2.75	3.25	4.21	5.43	7.31	9.97	12.9	15.46
Vertex-Union	3.52	3.78	3.99	3.83	3.93	3.92	4.03	4.05	4.1	4.02
Edge-Union	6.44	18.56	39.09	66.82	106.72	150.78	205.76	282.34	363.15	444.75

下面对 PGO 协议中的 4 个主要算法的计算开销进行具体分析。节点交集计算算法的计算开销如图 3-6 所示。从图 3-6 中可以看出，PGO 协议在计算节点交集时十分高效，对于 1 000 个节点的图结构来说，仅需要 3 s 左右。根据 3.5 节的分析，节点交集计算算法的计算代价与图结构中节点的数量呈正比。但在实验过程中，由于计算量增长不大，并且使用了多线程计算技术，实际增长的时间较少。

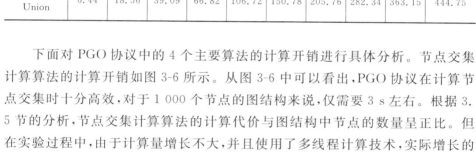

图 3-6　节点交集计算算法计算开销

边交集计算算法的计算开销如图 3-7 所示。在边交集计算算法中，SN_A 需要进行 Paillier 方案的加密和计算，而 SN_B 仅需要进行同态乘法计算，因此 SN_A 的计算时间明显多于 SN_B。根据 3.5 节的分析，边交集计算算法的计算代价随节点数量增加呈指数增长趋势，实验结果与之相符。在实验结果中可以看出，边交集计算算法所需的时间长度是可接受的，对于 1 000 个节点的图结构，仅需要 15 s 左右。

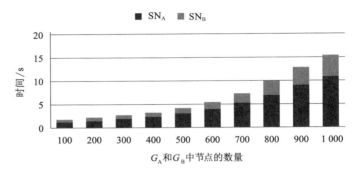

图 3-7　边交集计算算法计算开销

节点并集计算算法的计算开销如图 3-8 所示。从图 3-8 中可以看出，节点并集计算算法所需的时间与节点交集计算算法相似。根据 3.5 节的分析，节点并集计算算法的计算时间应随着图结构中节点的数量线性增长。但在实验过程中，由于每次实验的计算量增长较小，同时也使用了多线程计算技术，在实验结果中算法时间的增长并不明显，另外节点并集计算算法也十分快速，在实验结果中平均仅需要 4 s 左右。

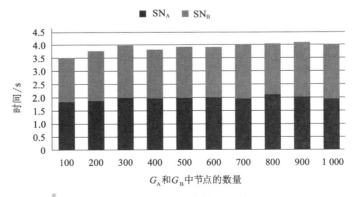

图 3-8　节点并集计算算法计算开销

边并集计算算法的计算开销如图 3-9 所示。与其他算法相对比,边并集计算算法占用了 PGO 协议的绝大部分计算时间。根据 3.3.5 节中的算法描述,在边并集计算算法中,SN_A 和 SN_B 都需要进行大量的 Paillier 加密计算,因此算法整体执行时间较长。同时,由于 SN_B 还需要进行同态加法和乘法操作,其计算时间略微多于 SN_A。从实验结果中可以看出,算法的计算时间与节点的数量呈指数增长关系,与 3.5 节的理论分析一致。

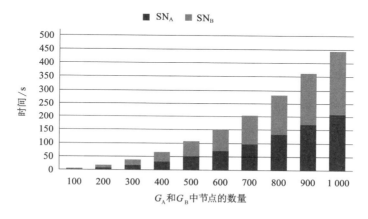

图 3-9　边并集计算算法计算开销

3.6.3　PGO 协议通信开销

根据 3.5 节的分析,PGO 协议中 SN_A 的通信代价为 $O(m+n+g^2+h^2)c$,SN_B 的通信代价为 $O(n+g^2+h^2)c$,由于在图结构中 g^2 和 h^2 通常远大于 m 和 n,因此 SN_A 和 SN_B 的通信代价基本相同。PGO 协议的通信开销实验结果如图 3-10 所

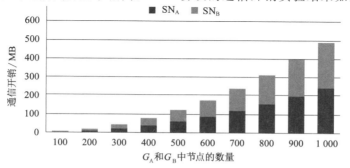

图 3-10　GPO 协议通信开销

示,从图中可以看出,SN_A 和 SN_B 的通信开销基本相同,且随 G_A 和 G_B 中节点的数量增加呈指数级增长关系。

3.7 本章小结

本章提出了一种社交网络环境下密态图结构计算协议(PGO 协议)。首先对 PGO 协议的模型进行了设计,包括形式化定义和安全性定义;然后对协议的构建进行了详细描述,给出了每个步骤的详细过程和相应的伪代码;接下来对协议进行了正确性证明和安全性证明,在半诚实威胁模型下证明了协议满足隐私保护性;最后对协议进行了代价分析,并使用真实的社交网络图结构数据集进行了仿真实验。

第 4 章　社交网络环境下 Top-k 近邻关键词搜索方案

4.1　引言

　　Top-k 近邻搜索的目的是从一个潜在的大的结果中检索出 $k(k{\geqslant}1)$ 个最佳答案。各种应用场景中都存在对 Top-k 近邻搜索的需求，如电子商务、科学数据库、网络搜索、多媒体系统等。Top-k 近邻搜索基于评分函数对搜索对象进行评分和排序，并返回分数最高的 k 个结果。如今，在新兴网络中，经常使用标签或文本内容标记网络节点。例如，在道路网络中，一个地点可能有诸如"加油站""医院""幼儿园"等标签；在书目网络上，一篇论文可能有"关键词""摘要""作者"等信息；在社交网络中，一个人可能有"姓名""兴趣爱好""年龄"等标签。在带有标签的网络上，Top-k 近邻关键词搜索（Top-k nearest keyword search，简称 kNK）成为研究热点。将网络 G 建模为无向图，网络中的每个节点都被附加 0 或多个关键字，每条边都被分配一个权重。在 G 上执行的 kNK 成为图结构中的常用搜索类型之一，在社交网络数据挖掘领域被广泛使用[105-106]。

　　一个 kNK 查询语句由 3 个元素组成，分别是查询节点 v、查询关键词 w 和返回的查询结果数量 k。此类搜索的结果为图结构中的 k 个节点，这些节点包含关键词 w，并且在图结构中和查询节点 v 的距离最近。如图 4-1 所示的一个包含关键词 α 和 β 的社交网络图，假设图中每条边的权重为 1，给定一个 kNK 查询语句 $Q=（\mathrm{A},\beta,3）$，查询得到与节点 A 距离最近包含关键词 β 的 3 个节点，结果为 $R=\{\mathrm{F}:1,\mathrm{J}:1,\mathrm{E}:2\}$。针对 Top-$k$ 近邻关键词搜索问题，目前学术界基于密文搜索的思想设计了一种密态图结构[69]，实现了加密数据上的 kNK 搜索,此方法首先计算图结构的 2-hop 标签,并基于标签构建安全索引。该方法允许用户在确保外包图结构机密性的基础上,实现 Top-k 近邻关键词搜索,同时保护搜索过程的隐私。然而,现有的方案存在不足,在 Top-k 近邻关键词搜索的结果中无法包含每个节点所对应的准确距离,而距离是 Top-k 近邻关键词搜索问题中的重要信息,在很多数据挖掘场景中存在着不可忽略的价值。

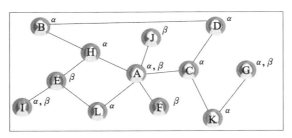

图 4-1　包含关键词 α 和 β 的社交网络图

　　针对 Top-k 近邻关键词搜索过程中的隐私泄露问题,本章提出一种社交网络环境下 Top-k 近邻关键词搜索方案——PKNKS 方案。该方案使用对称加密算法、同态加密算法、伪随机函数和字典结构等关键技术构建安全索引,并使用安全密文比较协议实现隐私保护的 Top-k 近邻关键词搜索。在安全索引中,每个节点之间的距离信息使用同态加密算法进行加密,因此云服务器可以在不解密的情况下实现距离计算,并在搜索结果中返回每个节点对应的距离信息。首先设计 PKNKS 方案的模型,包括形式化定义和安全性定义,然后给出方案的详细构建方法;接下来在半诚实的威胁模型下对方案进行详细的安全性证明,并分析方案的存储代价、计算代价和通信代价;最后使用真实的社交网络图结构数据集对方案进行仿真实验。

4.2　方案模型

　　PKNKS 方案的参与者包含 3 个实体,分别为数据拥有者(data owner,简称 DO)、云服务器(cloud server,简称 S_1)和计算服务器(computation server,简称 S_2)。各方实体的功能如下:

　　① 数据拥有者 DO 持有社交网络数据,将社交网络数据转换为图结构后加密生成安全索引并存储到云服务器,根据 Top-k 近邻关键词搜索语句生成令牌

向云服务器发起搜索请求,并处理密文搜索结果。

② 云服务器 S_1 负责存储数据拥有者外包的社交网络数据和安全索引,并与计算服务器协同计算,根据搜索令牌执行数据拥有者发起的 Top-k 近邻关键词搜索请求,返回密文搜索结果。

③ 计算服务器 S_2 辅助云服务器进行目标节点与候选节点之间距离的密文比较计算。

PKNKS 方案共包括 3 个阶段,分别为初始化阶段、搜索阶段和解密阶段。PKNKS 方案的模型如图 4-2 所示,其中步骤①为初始化阶段,步骤②和③为搜索阶段,步骤④为解密阶段。

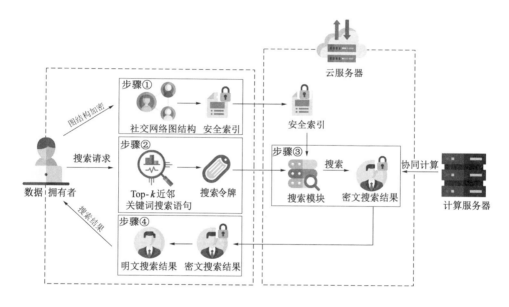

图 4-2　PKNKS 方案模型

（1）初始化阶段,数据拥有者首先将社交网络数据转换为图结构,然后将图结构进行加密并生成安全索引,最后将安全索引发送给云服务器进行外包存储。

（2）搜索阶段,云服务器和计算服务器协同工作,共同完成 Top-k 近邻关键词搜索任务。数据拥有者首先发起一个 Top-k 近邻关键词搜索语句,搜索语句中包含 3 个参数,分别为查询关键词 w、查询节点 v 和返回的查询结果数量 k。之后数据拥有者根据搜索语句生成搜索令牌并发送给云服务器。然后云服务器使用搜索令牌在安全索引中进行搜索和计算,并与计算服务器进行协同计算,最后返回给数据拥有者密态的 Top-k 近邻搜索结果。

(3) 解密阶段,数据拥有者对收到的密态搜索结果进行解密,并获得明文的搜索结果,包括 k 个目标节点及其与查询节点之间的距离。

为了方便对 PKNKS 方案进行描述,首先在表 4-1 中定义本章使用的符号。

表 4-1 符号定义表

符号	描述
DO	数据拥有者
S_1	云服务器
S_2	计算服务器
$G=(V,E)$	社交网络的图结构,V 是节点的集合,E 是边的集合
$|V|$	G 中节点的数量
DET	确定性对称加密算法
HOM	同态加密算法
F	伪随机函数
k_1	DET 的密钥
k_2,k_3	F 的密钥
(pk,sk)	HOM 的公钥和私钥
2HCL	2-hop 标签生成算法
SIC	安全密文比较协议
I	安全索引
τ	搜索令牌
$D[\text{key}]:=\text{value}$	将 (key,value) 作为键和值存入字典 D 中
$\text{value}=D[\text{key}]$	在字典 D 中使用 key 作为键取出值 value
W	G 中所有关键词的集合
$q=(k,v,w)$	Top-k 关键词搜索语句,k 是整数,v 是节点,w 是关键词
λ	安全参数
$N(w)$	所有包含关键词 w 的节点的集合
L_1,L_2	泄露函数

4.2.1 形式化定义

定义 4.1 社交网络环境下 Top-k 近邻关键词搜索方案(PKNKS 方案):社交网络环境下 Top-k 近邻关键词搜索方案由 5 个多项式时间算法构成,形式化描述为 PKNKS=(KeyGen,GraphEnc,TokenGen,Search,Dec)。各算法定义如下:

(1) $(k_1,k_2,k_3,pk,sk) \leftarrow \text{KeyGen}(\lambda)$:密钥生成算法,由数据拥有者执行。算法的输入为安全参数 λ,算法的输出为对称加密方案密钥 k_1、伪随机函数密钥 k_2 和 k_3、同态加密方案密钥对 (pk,sk)。算法执行完毕后,数据拥有者将 k_1、k_2、k_3 和 sk 秘密保存,将 pk 公开,并使用安全信道将 sk 发送给计算服务器。

(2) $I \leftarrow \text{GraphEnc}(G,k_1,k_2,k_3,pk)$:图结构加密算法,由数据拥有者执行。算法的输入为图结构 G、对称加密方案密钥 k_1、伪随机函数密钥 k_2 和 k_3、同态加密方案的公钥 pk,输出为安全索引 I。数据拥有者使用对称加密算法、同态加密算法和伪随机函数将图结构 G 进行加密,并使用字典数据结构构建安全索引 I。算法执行完毕后,数据拥有者将 I 发送给云服务器。

(3) $\tau \leftarrow \text{TokenGen}(k,v,w,k_1,k_2,k_3)$:搜索令牌生成算法,由数据拥有者执行。算法的输入为查询结果数量 k、查询节点 v、查询关键词 w、对称加密方案密钥 k_1、伪随机函数密钥 k_2 和 k_3,输出为搜索令牌 τ。数据拥有者使用对称加密算法和伪随机函数,根据一个 Top-k 近邻关键词搜索语句生成搜索令牌 τ。算法执行完毕后,数据拥有者将 τ 发送给云服务器。

(4) $R \leftarrow \text{Search}(\tau,I,pk,sk)$:搜索算法,由云服务器和计算服务器共同执行。算法的输入为搜索令牌 τ、安全索引 I 和同态加密方案密钥对 (pk,sk),输出为密文搜索结果 R。云服务器首先使用搜索令牌在安全索引中进行搜索和计算,并与计算服务器进行密文比较协议,得到密态的搜索结果 R。算法执行完毕后,云服务器将 R 发送给数据拥有者。

(5) $R' \leftarrow \text{Dec}(R,k_1,sk)$:解密算法,由数据拥有者执行。算法的输入为密态搜索结果 R、对称加密方案密钥 k_1 和同态加密方案的私钥 sk,输出为明文搜索结果 R'。数据拥有者使用对称加密方案和同态加密方案的解密算法进行解密,得到明文 Top-k 近邻关键词搜索结果 R'。

PKNKS 方案的正确性定义如下:

定义 4.2 PKNKS 方案的正确性:对于任意的密钥 $(k_1,k_2,k_3,pk,sk) \leftarrow$ KeyGen(λ)、任意的图结构 $G=(V,E)$ 和任意的 Top-k 近邻关键词搜索语句 $q=$

(k,v,w)，DO、S_1 和 S_2 执行算法 GraphEnc、TokenGen、Search 和 Dec。如果 Dec 算法的输出 R' 满足以下条件，则 PKNKS 方案是正确的：

（1）R' 中包含 k 个节点；

（2）R' 中的节点为 v 的近邻节点；

（3）R' 中的节点包含查询关键词 w；

（4）G 中不存在其他包含关键词 w 的 v 的近邻节点，且与 v 的距离比 R' 中的节点更近。

4.2.2 安全性定义

社交网络环境下 Top-k 近邻关键词搜索方案的安全目标为保护外包图结构的隐私，即保护社交网络数据的隐私。该安全目标指的是云服务器和计算服务器均无法获得任何关于外包图结构的任何信息，以及任何关于 Top-k 近邻关键词搜索的信息。

然而完全实现以上安全目标是目前的挑战性难题，通常需要大量的计算、存储和通信代价，会造成方案的效率大幅降低，无法在现实应用场景中进行部署和应用。因此目前学术界提出的密文搜索方案大多在安全性和性能之间进行权衡，允许在方案执行过程中泄露一些不重要的信息，以保证方案的高效性。

为了将 PKNKS 方案中泄露的信息进行量化和分析，将这些信息定义为两个泄露函数，分别为 L_1 和 L_2。其中泄露函数 L_1 中包含安全索引中泄露的关于图结构的信息，泄露函数 L_2 中包含搜索过程中搜索令牌泄露的关于图结构和搜索的信息。L_1 和 L_2 的详细定义如下：

（1）L_1：图结构中节点的数量 $|V|$、某两个节点之间是否存在一条边、关键词的数量 $|W|$、每个关键词对应的节点数量 $|N(w)|$。

（2）L_2：一个 kNK 搜索语句是否之前搜索过（搜索模式）、两次搜索结果中是否包含相同的节点（访问模式）、搜索结果中节点的数量。

PKNKS 方案使用密文搜索的通用安全模型，即自适应选择查询攻击安全性（IND-CQA2）。该方案采用半诚实的威胁模型，即假设云服务器会正确地执行方案中的算法，不会篡改计算结果，但会根据其能得到的所有信息尽可能试图获取任何关于图结构和搜索的信息。另外，方案中还需要假设计算服务器是半可信的实体，并且云服务器和计算服务器之间不会进行共谋。

社交网络环境下 Top-k 近邻关键词搜索方案的安全性定义如下：

定义 4.3　PKNKS 方案的自适应选择查询攻击安全性：设 PKNKS = (KeyGen, GraphEnc, TokenGen, Search, Dec) 为一个社交网络环境下 Top-k 近邻关键词搜索方案，A 为一个半诚实的敌手，S 为一个模拟器，S_2 为计算服务器，L_1 和 L_2 为两个泄露函数。定义以下两个实验：

（1）真实环境实验 $\text{Real}_A(\lambda)$：敌手 A 和数据拥有者 DO 交互。实验包含两个阶段，初始化阶段和搜索阶段，具体步骤如下：

① 初始化阶段：

a. DO 执行 $(k_1, k_2, k_3, pk, sk) \leftarrow \text{KeyGen}(\lambda)$ 算法，将公钥 pk 公开，并将私钥 sk 发送给 S_2；

b. A 构建两个图结构 G_0 和 G_1，并发送给 DO；

c. DO 随机选择其中一个图结构，并执行 $I \leftarrow \text{GraphEnc}(G, k_1, k_2, k_3, pk)$ 算法生成安全索引，然后将 I 发送给 A。

② 搜索阶段：

a. A 生成一个 kNK 搜索语句 q，并发送给 DO；

b. DO 执行 $\tau \leftarrow \text{TokenGen}(k, v, w, k_1, k_2, k_3)$ 算法，并将 τ 发送给 A；

c. A 和 S_2 共同执行 $R \leftarrow \text{Search}(\tau, I, pk, sk)$ 算法，获得搜索结果 R；

d. A 输出一个比特 b，作为真实环境实验的结果。

在搜索阶段中，步骤 a～c 可以执行多项式次。

（2）模拟环境实验 $\text{Ideal}_{A,S}(\lambda, L_1, L_2)$：敌手 A 和模拟器 S 进行交互。实验包含两个阶段，初始化阶段和搜索阶段，具体步骤如下：

① 初始化阶段：

a. S 生成同态加密算法的密钥对 (pk, sk)，并将 pk 发送给 A，将 sk 发送给 S_2；

b. A 构建两个图结构 G_0 和 G_1，并发送给 S；

c. S 根据泄露函数 L_1 中包含的信息，生成一个模拟的安全索引 I^*，并发送给 A。

② 搜索阶段：

a. A 生成一个 kNK 搜索语句 q，并发送给 S；

b. S 根据泄露函数 L_2 中包含的信息，生成一个模拟的搜索令牌 τ^*，并发送给 A；

c. A 和 S_2 共同执行 $R \leftarrow \text{Search}(\tau^*, I^*, pk, sk)$ 算法，获得搜索结果 R；

d. A 输出一个比特 b，作为模拟环境实验的结果。

在搜索阶段中,步骤 a~c 可以执行多项式次。

对于以上两个实验,如果所有的概率多项式时间(Probabilistic Polynomial-Time,PPT)敌手 A,都存在一个模拟器 S,使得 A 无法区分真实环境实验和模拟环境实验,即

$$|\Pr[\text{Real}_A(\lambda)=1]-\Pr[\text{Ideal}_{A,S}(\lambda,L_1,L_2)=1]|\leqslant negl(\lambda)$$

其中 $negl()$ 为可忽略函数,则 PKNKS 方案满足自适应选择查询攻击安全性。

4.3　方案详细构造

在 PKNKS 方案中,DO 首先将自己持有的社交网络数据转化为图结构。DO 的图结构由节点和边组成,表示为 $G=(V,E)$,其中 V 是图结构中所有节点的集合,E 是所有边的集合。图结构中的节点是社交网络中的用户或实体,每个节点拥有一个唯一的标识符,节点的集合表示为 $V=\{v_1,v_2,\cdots,v_n\}$。同时图结构中的每个节点包含一系列关键词 $\{w_1,w_2,\cdots\}$。将图结构中所有关键词的集合表示为 W。对于一个关键词 w,将 G 中所有包含 w 的节点的集合表示为 $N(w)=\{v_1,v_2,\cdots\}$。图结构的边表示两个用户或实体之间的关系,每条边由起点、终点和距离组成,将边的集合表示为 $\boldsymbol{E}=\{(v_s,v_d,d)\}$,其中 v_s 表示边的起点,v_d 表示边的终点,d 表示 v_s 和 v_d 之间的距离。

PKNKS 方案支持 Top-k 近邻关键词搜索,将搜索语句表示为 $q=(k,v,w)$,其中 k 是一个正整数,v 是 G 中的一个节点,w 是一个查询关键词。Top-k 近邻关键词搜索的结果中包含 G 中离 v 最近的 k 个节点,且这些节点包含查询关键词 w。

PKNKS 方案在构建时需要使用一个确定性的对称加密方案、Paillier 同态加密方案、一个安全的伪随机函数和一个密文比较协议。将对称加密方案表示为 DET=(Gen,Enc,Dec),其中 DET. Gen 是密钥生成算法、DET. Enc 是加密算法、DET. Dec 是解密算法。将 Paillier 同态加密方案表示为 HOM=(Gen,Enc,Dec),其中 HOM. Gen 是密钥生成算法、HOM. Enc 是加密算法、HOM. Dec 是解密算法。将伪随机函数表示为 $F:\{0,1\}^\lambda\times\{0,1\}^*\rightarrow\{0,1\}^\lambda$。将密文比较协议表示为 $SIC(c_1,c_2)=\{0,1\}$,其中 c_1 和 c_2 是两个 Paillier 方案加密的密文,密文比较协议的参与方为云服务器 S_1 和计算服务器 S_2。当密文比较协议的结果为 0 时,表示 c_2 对应的明文更小;当结果为 1 时,表示 c_1 对应的明文更小。

PKNKS 方案由 5 个算法组成, 即 PKNKS＝(KeyGen, GraphEnc, Token-Gen, Search, Dec), 每个算法的详细描述如下。

4.3.1　密钥生成算法

密钥生成算法, 表示为 (k_1, k_2, k_3, pk, sk)←KeyGen(λ), 算法的输入为安全参数 λ。DO 首先执行 DET 的密钥生成算法, 获得 DET 的密钥 k_1; 然后 DO 执行 HOM 的密钥生成算法, 获得 HOM 的密钥对 (pk, sk); 接下来 DO 随机生成两个长度为 λ 的比特串, 表示为 k_2 和 k_3, 作为 F 的密钥; 在算法执行完毕后, DO 将 pk 发送给 S_1, 将 sk 发送给 S_2, 并将 k_1、k_2 和 k_3 秘密保存。

4.3.2　图结构加密算法

图结构加密算法, 表示为 I←GraphEnc(G, k_1, k_2, k_3, pk), 算法的输入为图结构 G、对称加密方案密钥 k_1、伪随机函数密钥 k_2 和 k_3、同态加密方案密钥 pk。在图结构加密算法中, DO 将图结构 G 加密, 并生成安全索引 I。I 中包含 I_1 和 I_2 两个字典结构。

（1）首先构建字典结构 I_1。为了实现高效的 Top-k 近邻关键词搜索过程, 在对图结构进行加密前, 首先需要使用 2-hop 标签生成算法, 计算 G 的 2-hop 标签集合 $2\mathrm{HCL}(G)＝\{(v, \mathrm{Lab}(v))\}_{v \in V}$, 其中 $\mathrm{Lab}(v)＝\{(u, d)\}$, u 是 v 在图 G 中能够到达的一个节点（G 中存在至少一条路径 $p＝\{v, \cdots, u\}$）, d 是 v 和 u 之间的最短距离。对于 2-hop 标签集合中的每一对 $(v, \mathrm{Lab}(v))$, DO 首先使用 DET 的加密算法将 v 进行加密, 得到 $v^*＝\mathrm{DET.Enc}(v, k_1)$, 并初始化一个空的链表 L_1。接下来, 对于 $\mathrm{Lab}(v)$ 中的每一对 (u, d), DO 使用 HOM 的加密算法计算 $d^*＝\mathrm{HOM.Enc}(d, pk)$, 并使用 F 计算 $u^*＝F(u, k_2)$。在计算完成后, DO 将 (u^*, d^*) 加入 L_1 的最后。在 $\mathrm{Lab}(v)$ 遍历完成后, DO 将 v^* 和 L_1 放入字典结构 I_1 中, 其中 v^* 作为键, L_1 作为值。在 2-hop 标签集合遍历完成后, I_1 中将包含 $|V|$ 个条目, 其中每个条目的键为图结构中的节点的密文, 每个条目的值为该节点对应的 2-hop 标签的密文。I_1 的结构如图 4-3 所示。

（2）构建字典结构 I_2。对于 W 中的每个关键词 w, DO 首先使用 F 计算 $w^*＝F(w, k_2)$, 并且初始化一个空的链表 L_2。然后对于 $N(w)$ 中的每个节点 n, DO 使用 DET 进行加密, 得到 $\mathrm{DET.Enc}(n, k_1)$, 并使用 F 计算 $F(w, k_3)$。接下来 DO 计算 $n^*＝\mathrm{DET.Enc}(n, k_1) \oplus F(w, k_3)$。在计算完毕后, DO 将 n^* 加入 L_2 的最后。在 $N(w)$ 遍历完成后, DO 将 w^* 和 L_2 放入字典结构 I_2 中, 其中

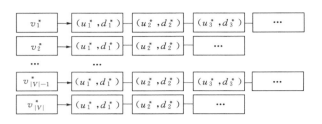

图 4-3　字典结构 I_1

w^* 作为键，L_2 作为值。在 W 遍历完成后，I_2 中将包含 $|W|$ 个条目，其中每个条目的键为图结构中关键词的伪随机值，每个条目的值为所有包含该关键词的节点的密文异或该关键词的伪随机值。I_2 的结构如图 4-4 所示。

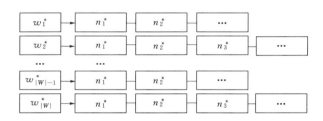

图 4-4　字典结构 I_2

（3）在 I_1 和 I_2 构建完成后，DO 生成了 G 的安全索引 $I=(I_1,I_2)$，并将其发送给 S_1 进行存储。图结构加密算法的伪代码描述如下：

Algorithm 1 $I \leftarrow$ GraphEnc(G, k_1, k_2, k_3, pk)

Input：graph G，private keys k_1, k_2 and k_3，and public key pk

Output：secure index $I=(I_1, I_2)$

1. DO initializes empty dictionaries I_1 and I_2；
2. DO computes $2\text{HCL}(G) = \{(v, \text{Lab}(v))\}_{v \in V}$；
3. **foreach** $(v, \text{Lab}(v)) \in 2\text{HCL}(G)$
4. 　　DO computes $v^* = \text{DET.Enc}(v, k_1)$；
5. 　　DO initializes an empty list L_1；
6. 　　**foreach** $(u, d) \in \text{Lab}(v)$
7. 　　　　DO computes $u^* = F(u, k_2)$；
8. 　　　　DO computes $d^* = \text{HOM.Enc}(d, pk)$；
9. 　　　　DO inserts (u^*, d^*) into L_1；
10. 　　**end**

11.　　DO sets $I_1[v^*]:=L_1$；
12. **end**
13. **foreach** $w \in W$
14.　　DO computes $w^* = F(w, k_2)$；
15.　　DO initializes an empty list L_2；
16.　　**foreach** $n \in N(w)$
17.　　　　DO computes $n^* = \mathrm{DET.Enc}(n, k_1) \oplus F(w, k_3)$；
18.　　　　DO inserts n^* into L_2；
19.　　**end**
20.　　DO sets $I_2[w^*]:=L_2$；
21. **end**
22. return $I = (I_1, I_2)$

4.3.3　搜索令牌生成算法

搜索令牌生成算法表示为 $\tau \leftarrow \mathrm{TokenGen}(k, v, w, k_1, k_2, k_3)$，算法的输入为 Top-k 近邻关键词搜索语句 (k, v, w)、对称加密方案密钥 k_1、伪随机函数密钥 k_2 和 k_3。在搜索令牌生成算法中，DO 将一个 Top-k 近邻关键词搜索语句进行加密，并生成搜索令牌 τ。τ 中包含 4 个部分，分别表示为 τ_1、τ_2、τ_3 和 k。

（1）DO 使用 DET 将 v 进行加密，得到 $\tau_1 = \mathrm{DET.Enc}(v, k_1)$；

（2）DO 使用 F 分别计算 $\tau_2 = F(w, k_2)$ 和 $\tau_3 = F(w, k_3)$；

（3）DO 将 $\tau = (\tau_1, \tau_2, \tau_3, k)$ 发送给 S_1。

4.3.4　搜索算法

搜索算法表示为 $R \leftarrow \mathrm{Search}(\tau, I, pk, sk)$，算法的输入为搜索令牌 τ、安全索引 I 和 HOM 的密钥对 (pk, sk)。

（1）S_1 在收到搜索令牌 τ 后，首先在安全索引 I_1 中使用 τ_1 作为键进行搜索，并取出对应的值 L_1。由于 τ_1 是搜索语句中的节点所对应的密文，因此 L_1 是该节点所对应的 2-hop 标签的密文。

（2）S_1 在安全索引 I_2 中使用 τ_2 作为键进行搜索，并取出对应的值 L_2。接下来 S_1 初始化一个空的集合 M，M 用来存储所有满足近邻关键词搜索条件的结果。

（3）S_1 遍历列表 L_2。对于 L_2 中的每个节点的密文 n^*，S_1 使用搜索令牌中的 τ_3 计算 $e^* = n^* \oplus \tau_3 = \mathrm{DET.Enc}(n, k_1) \oplus F(w, k_3) \oplus F(w, k_3) = \mathrm{DET.Enc}$

(n, k_1)。计算的结果 e^* 是搜索语句中的关键词所对应的一个节点的密文。接下来 S_1 使用 e^* 作为键在 I_1 中进行搜索,并取出对应的值 L_e, L_e 是 e^* 所对应的 2-hop 标签的密文。

（4）在得到 L_1 和 L_e 后, S_1 初始化一个集合 D,并检查 L_1 和 L_e 是否存在相同的节点的密文。如果 L_1 和 L_e 中至少存在一对相同的密文,则说明 G 中至少存在一条边连接搜索语句中的节点和节点 e^*。对于任何找到的相同的节点的密文, S_1 使用 HOM 的同态性将两个节点所对应的距离的密文相加,并将结果保存在 D 中。

（5）在所有相同的节点的密文都计算完毕后, S_1 和 S_2 利用 FindMin 子协议来计算 D 中最小的值 d_{e^*}, d_{e^*} 为搜索语句中的节点和节点 e^* 的最短距离的密文。然后 S_1 将 (e^*, d_{e^*}) 放入集合 M 中。FindMin 子协议是由 S_1 和 S_2 交互执行的协议,其作用是使用密文比较协议找到一个密文集合中最小的密文。对于一个密文集合 D, S_1 首先将集合中的第一个密文标记为最小值 min,并使用密文比较协议将 min 和集合中的下一个密文进行比较。如果密文比较协议的结果表明下一个密文比 min 更小,则将下一个密文标记为 min。 S_1 和 S_2 重复以上过程,直到密文集合 D 遍历完毕。在协议的最后, S_1 将会获得 D 中最小的密文。FindMin 子协议的伪代码描述如下:

Protocol 1 $min \leftarrow \text{FindMin}(D)$

    Input: a set with encrypted integers $D = \{d_1^*, d_2^*, \cdots, d_x^*\}$

    Output: the minimal encrypted integer min

    1. S_1 initializes $min = d_1^*$;

    2. **for** $i = 2$ to x

    3. S_1 and S_2 run protocol $b = \text{SIC}(min, d_i^*)$;

    4.   **if** $b = 0$

    5. S_1 sets $min = d_i^*$;

    6.   **end**

    7. **end**

    8. **return** min

（6）在列表 L_2 遍历完成后, S_1 得到了所有满足近邻关键词搜索条件的结果 M,下一步需要在以上结果中取出距离最短的前 k 个结果。为了取出前 k 个结果, S_1 和 S_2 共同执行 TopK 子协议。在 TopK 子协议中, S_1 首先初始化一个集合 C,并将 M 中所有距离最短的密文放入 C 中,然后 S_1 和 S_2 执行子协议

FindMin 找到 C 中最小的值,接下来 S_1 将这个最小距离的密文和其对应的节点的密文从 M 中取出,并放入搜索结果 R 中。S_1 和 S_2 重复以上过程,直到 R 中包含 k 个结果。TopK 子协议的伪代码描述如下:

Protocol 2 $R \leftarrow \text{TopK}(M, k)$

Input:a set of pairs of encrypted vertex identifier and its encrypted distance $M = \{(v_1^*, d_1^*), \cdots, (v_y^*, d_y^*)\}$

Output:a set of k pairs of encrypted vertex identifier and its encrypted distance $R = \{(v_1^*, d_1^*), \cdots, (v_k^*, d_k^*)\}$

1. **while** $|R| < k$
2. S_1 Initializes an empty set C;
3. S_1 put all $v_i^* \in M$ in C;
4. S_1 and S_2 run protocol $v_{\min} = \text{FindMin}(C)$
5. S_1 put $(v_{\min}^*, d_{\min}^*)$ from M into R;
6. S_1 removes $(v_{\min}^*, d_{\min}^*)$ from M;
7. **end**
8. **return** R

---

(7) 最后,S_1 将密态搜索结果 R 发送给 DO。搜索算法的伪代码描述如下:

Algorithm 2 $R \leftarrow \text{Search}(\tau, I, pk, sk)$

Input:search token $\tau = (\tau_1, \tau_2, \tau_3, k)$,secure index $I = (I_1, I_2)$,key pair (pk, sk)

Output:encrypted search result $R = \{(v_1^*, d_1^*), \cdots, (v_k^*, d_k^*)\}$

1. S_1 retrieves $L_1 = I_1[\tau_1]$;
2. S_1 retrieves $L_2 = I_2[\tau_2]$;
3. S_1 initializes an empty set M;
4. **foreach** $n^* \in L_2$
5. S_1 computes $e^* = n^* \oplus \tau_3$;
6. S_1 retrieves $L_e = I_1[e^*]$;
7. S_1 initializes an empty set D;
8.   **foreach** $(u_1^*, d_1^*) \in L_1$
9.   **foreach** $(u_2^*, d_2^*) \in L_e$
10.   **if** $u_1^* = u_2^*$
11. S_1 computes $d^* = \text{Hom. Add}(d_1^*, d_2^*)$;
12. S_1 inserts d^* into D;
13.   **end**
14.   **end**

15.　　　**end**

16.　　　S_1 and S_2 run protocol $d_{e^*}^* = \text{FindMin}(D)$;

17.　　　S_1 inserts $(e^*, d_{e^*}^*)$ in M;

18. **end**

19. S_1 and S_2 run protocol $R = \text{TopK}(M, k)$;

20. **return** R

4.3.5　解密算法

解密算法表示为 $R' \leftarrow \text{Dec}(R, k_1, sk)$，算法的输入为密态搜索结果 R、密钥 k_1 和 sk。在收到密态搜索结果 $R = \{(v_1^*, d_1^*), \cdots, (v_k^*, d_k^*)\}$ 后，DO 使用 DET 和 HOM 的解密算法进行解密，得到明文的搜索结果 $R' = \{(v_1, d_1), \cdots, (v_k, d_k)\}$。

4.4　方案正确性和安全性证明

4.4.1　PKNKS 方案正确性证明

为了证明 PKNKS 方案的正确性，需要证明当 DO、S_1 和 S_2 正确地执行方案中的 5 个算法（KeyGen, GraphEnc, TokenGen, Search, Dec）时，对于任意的图结构 $G = (V, E)$ 和任意的 Top-k 近邻关键词搜索语句 $q = (k, v, w)$，$R' \leftarrow \text{Dec}(R, k_1, sk)$，算法的输出满足以下条件：

（1）R' 中包含 k 个 (v_i, d_i) 对；

（2）R' 中的 v_i 包含关键词 w，且在 G 中与 v 相连；

（3）G 中不存在其他包含关键词 w 的节点 v'，其在 G 中与 v 相连，且 v' 和 v 的距离比 R' 中的距离 d 更小。

证明：对于任意的图结构 $G = (V, E)$，DO 执行 GraphEnc 算法生成安全索引 I，其中包含 I_1 和 I_2 两个字典结构。I_1 中的键是 G 中每个节点 v_i 的密文 DET.$\text{Enc}(v_i, k_1)$，值是该节点所对应的 2-hop 标签的密文 $L_1 = \{(u^*, d^*)\}$，其中 u^* 是 v_i 所连接的一个节点 u 的伪随机函数结果 $u^* = F(u, k_2)$，d^* 是 u 到 v_i 之间的距离 d 的密文 $d^* = \text{HOM.Enc}(d, pk)$。$I_2$ 中的键是 G 中每个关键词 w 的伪随机函数结果 $w^* = F(w, k_2)$，值是包含该关键词节点集合的密文 $L_2 = \{n^*\}$，其中 $n^* = \text{DET.Enc}(n, k_1) \oplus F(w, k_3)$，$n$ 是 G 中包含关键词 w 的一个

节点。

对于一个 Top-k 近邻关键词搜索语句 $q=(k,v,w)$，DO 执行 TokenGen 算法生成搜索令牌 $\tau=(\tau_1,\tau_2,\tau_3,k)$，其中 $\tau_1=\text{DET.Enc}(v,k_1)$，$\tau_2=F(w,k_2)$，$\tau_3=F(w,k_3)$。然后 DO 将 τ 发送给 S_1。

S_1 在收到搜索令牌后，执行 Search 算法进行搜索。S_1 首先使用 τ_1 在 I_1 找到节点 v 所对应的 2-hop 标签的密文 L_1，并使用 τ_2 在 I_2 中找到所有包含关键词 w 的节点的密文 L_2。对于 L_2 中的每一个节点的密文 n^*，S_1 计算 $e^*=n^*\oplus\tau_3$，结果是该节点的密文 $\text{DET.Enc}(v_i,k_1)$，并使用 e^* 在 I_1 中找到其对应的 2-hop 标签的密文 L_e。

S_1 对比 L_1 和 L_e，如果 L_1 和 L_e 中存在相同的节点，则说明该节点包含关键词 w，并且在 G 中与 v 相连。对于满足以上条件的节点，S_1 将该节点在 L_1 中距离的密文和在 L_e 中距离的密文相加。根据 2-hop 标签的特性，加法计算的结果是该节点和 v 在 G 中的距离。因为 L_1 和 L_e 中距离的密文使用同态算法进行加密，因此可以在不解密的情况下进行加法计算。若 L_1 和 L_e 中存在多个相同的节点，则 S_1 和 S_2 执行 FindMin 子协议，得到其中最短的距离。

在以上计算完成后，S_1 得到了 G 中所有包含关键词 w 的节点，并在这些节点中找出图 G 中与 v 相连的所有节点，满足条件（2）。接下来 S_1 和 S_2 共同执行 TopK 子协议，找到以上结果中距离最短的 k 个 (v_i^*,d_i^*) 对，在解密后得到 k 个明文的 (v_i,d_i) 对，满足条件（1）和条件（3）。

FindMin 和 TopK 子协议的正确性依赖于密文比较协议的正确性。在 FindMin 子协议中，S_1 和 S_2 遍历一个密文列表，并使用将每两个密文进行比较的方法找到列表中最小的值。在 TopK 子协议中，S_1 和 S_2 遍历一个由 (v_i^*,d_i^*) 组成的列表，并使用 FindMin 子协议得到其中 k 个 d_i^* 最小的结果。

4.4.2　PKNKS 方案安全性证明

定理 4.1　PKNKS 方案自适应选择查询攻击安全性：如果 DET 是安全的确定性对称加密方案、HOM 是安全的同态加密方案、F 是安全的伪随机函数、SIC 是安全的密文比较协议，那么 PKNKS 方案在泄露函数 L_1 和 L_2 下满足自适应选择查询攻击安全性。

证明：首先构建真实环境实验 $\text{Real}_A(\lambda)$。在该实验中，敌手 A 与数据拥有者 DO 共同执行 PKNKS 方案中的算法。$\text{Real}_A(\lambda)$ 实验的定义如下：

$\text{Real}_A(\lambda)$:

 $(G_0, G_1) \leftarrow A$

 $b \overset{\$}{\leftarrow} \{0, 1\}$

 $(k_1, k_2, k_3, pk, sk) \leftarrow \text{KeyGen}(\lambda)$

 $I \leftarrow \text{GraphEnc}(G_b, k_1, k_2, k_3, pk)$

 $(k, v, w) \leftarrow A$

 $\tau \leftarrow \text{TokenGen}(k, v, w, k_1, k_2, k_3)$

 $R \leftarrow \text{Search}(\tau, I, pk, sk)$

 $b' \leftarrow A(I, \tau, R)$

 if $b' = b$:

  output 1

 else:

  output 0

在真实环境实验中,一个半诚实的敌手 A 和数据拥有者 DO 以及计算服务器 S_2 进行交互。首先,在初始化阶段中 A 选择两个图结构 G_0 和 G_1,并发送给 DO。G_0 和 G_1 需要满足以下条件,这些信息包含在泄露函数 L_1 中:

(1) G_0 和 G_1 中节点的数量相同;

(2) G_0 和 G_1 中相连的节点的数量相同;

(3) G_0 和 G_1 中关键词的数量相同;

(4) G_0 和 G_1 中包含相同关键词的节点的数量相同。

在收到 G_0 和 G_1 后,DO 随机选择一个比特 b,并将 G_b 作为自己的图结构。然后 DO 执行 PKNKS 方案中的密钥生成算法 KeyGen,得到密钥 (k_1, k_2, k_3, pk, sk),并将 pk 发送给 A,将 sk 发送给 S_2。接下来 DO 执行 GraphEnc 算法,对图结构 G_b 进行加密,生成安全索引 I,并发送给 A。

在搜索阶段中,A 生成一个 Top-k 近邻关键词搜索语句 (k, v, w),并发送给 DO。然后 DO 执行 TokenGen 算法,生成对应的搜索令牌 τ,并发送给 A。接下来 A 使用 τ 和 I 执行搜索算法 Search,并得到密态搜索结果 R。以上搜索过程可以由 A 重复进行多项式时间次。

最终,A 根据在以上实验中获得的信息,输出一个比特 b'。如果 $b' = b$,实验输出 1 作为结果;如果 $b' \neq b$,则实验输出 0 作为结果。将真实环境实验中 A 的优势定义为 $\text{Adv}(\text{Real}_A) = |\Pr[\text{Real}_A(\lambda) = 1] - 1/2|$。

在以上实验中,A 能够获得的信息包括安全索引 I、搜索令牌 τ 和密态搜索结果 R。由于 G_0 和 G_1 中节点的数量相同,I 中条目的数量对于 G_0 和 G_1 是相同的。由于 G_0 和 G_1 中相连的节点的数量相同,两个图结构的 2-hop 标签的结构对于 A 来说是无法区分的,因此字典结构 I_1 无法帮助 A 来区分 b 的值。由于 G_0 和 G_1 中关键词的数量相同,I_2 中条目的数量对于 G_0 和 G_1 是相同的。由于 G_0 和 G_1 中包含相同关键词的节点的数量相同,I_2 的结构对于 G_0 和 G_1 是相同的,因此字典结构 I_2 也无法帮助 A 来区分 b 的值。根据以上分析,A 无法根据安全索引 I 来判断 b 的值。

对于一个 Top-k 近邻关键词搜索,搜索令牌 τ 中包含的值为 DET 的密文和 F 的结果。因此如果 DET 是安全的确定性对称加密方案,并且 F 是安全的伪随机函数,那么 A 无法从 τ 中获取关于搜索语句中的节点和关键词的信息。另外,由于 G_0 和 G_1 中包含相同关键词的节点的数量相同,且 G_0 和 G_1 中相连的节点的数量相同,对于同一个搜索语句,G_0 和 G_1 的搜索结果 R 中都会包含相同数量的节点。在搜索过程中,A 需要和 S_2 共同执行 SIC。如果 SIC 是安全的密文比较协议,那么 A 和 S_2 都无法获取任何 SIC 的输入的明文。根据以上分析,A 无法根据搜索令牌 τ 和密态搜索结果 R 来判断 b 的值。

在真实环境实验中,所有 A 能够获取的信息都无法帮助 A 来判断 b 的值,因此 A 的优势为可忽略的,即 $\mathrm{Adv}(\mathrm{Real}_A)=|\mathrm{Pr}[\mathrm{Real}_A(\lambda)=1]-1/2|=negl(\lambda)$。

接下来构建模拟环境实验 $\mathrm{Ideal}_{A,s}(\lambda,L_1,L_2)$。在模拟环境实验中,敌手 A 和模拟器 S 以及计算服务器 S_2 进行交互,交互的过程与真实环境实验相似,区别是模拟器不使用 G_0 和 G_1 中的信息进行计算,而使用随机数进行计算。

在初始化阶段,S 首先执行 KeyGen 算法,生成 HOM 的密钥 pk 和 sk,并将 pk 发送给 A,将 sk 发送给 S_2。对于图结构 G_b,S 根据泄露函数 L_1 中的信息,生成模拟的安全索引 I^*,其中 DET 的密文和 F 的结果使用随机数代替,HOM 的密文使用随机数的 HOM 密文代替。在搜索阶段,对于一个 Top-k 近邻关键词搜索语句,S 根据泄露函数 L_2 中的信息生成模拟的搜索令牌 τ^*,其中 DET 的密文和 F 的结果使用随机数代替。

如果 DET 是安全的确定性对称加密方案,那么 A 在不知道密钥的情况下无法区分 DET 的密文和随机数。如果 F 是安全的伪随机函数,那么 A 无法区分 F 的结果和随机数,因此 A 无法从 I^* 和 τ^* 中获取任何有用的信息以判断 b 的值。在模拟环境实验中,A 的优势也是可忽略的,即 $\mathrm{Adv}(\mathrm{Ideal}_{A,s})=|\mathrm{Pr}[\mathrm{Ideal}_{A,s}(\lambda,L_1,L_2)=1]-1/2|=negl(\lambda)$。

根据以上安全分析,敌手 A 的优势在真实环境实验和模拟环境实验中都是可忽略的,那么 A 无法有效地区分两个实验,即 $|\mathrm{Pr}[\mathrm{Real}_A(\lambda)=1]-\mathrm{Pr}[\mathrm{Ideal}_{A,s}(\lambda,L_1,L_2)=1]|\leqslant negl(\lambda)$,因此 PKNKS 方案满足自适应选择查询攻击安全性。

4.5 方案代价分析

本节分析 PKNKS 方案的代价,包括存储代价、计算代价和通信代价,其中存储代价指的是加密索引的大小,计算代价指的是数据拥有者和云服务器计算量,通信代价指的是进行 Top-k 近邻关键词搜索时拥有者、云服务器和计算服务器之间传输的信息量。

PKNKS 方案中需要使用 2-hop 标签生成算法和密文比较协议,由于 2-hop标签生成算法和密文比较协议根据不同的实现方法会导致不同的计算代价和通信代价,但不会影响方案的正确性,因此在进行代价分析时忽略这两个部分。

为了方便描述,在本节中定义 DET 方案的加密算法和解密算法为 E_1 和 D_1,定义 HOM 方案的加密算法和解密算法为 E_2 和 D_2,定义 HOM 方案的密文为 c,定义 DET 方案密文和伪随机函数值的长度为 λ bits。

(1) 存储代价

在 PKNKS 方案中,加密索引由两个字典结构组成,分别为 I_1 和 I_2。其中,I_1 包含 n 个条目,其中 $n=|V|$ 是图结构中节点的数量。对于 V 中的每一个节点 v,其在 2-hop 标签中包含一个 $\text{Lab}(v)$ 集合,$\text{Lab}(v)$ 中元素数量的理论最大值为 n。I_1 中每个条目的键是一个 DET 方案的密文,值是一个链表,链表中包含 $O(n)$ 个伪随机函数值和 HOM 方案的密文。

对于 W 中的每个关键词 w,$|N(w)|$ 的理论最大值为 n。I_2 中包含 m 个条目,其中 $m=|W|$ 是图结构中关键词的数量,每个条目的键为一个伪随机函数值,值为一个链表,链表中包含 $O(n)$ 个 DET 密文和伪随机函数值的异或结果。综上所述,PKNKS 方案的存储代价为 $O(n^2\lambda+mn\lambda)\text{bits}+O(n^2)c$。

(2) 计算代价

在 GraphEnc 算法中,DO 需要进行 $O(mn)$ 次 DET 加密、$O(n^2+mn)$ 次伪随机函数和 $O(n_2)$ 次 HOM 加密,即 $O(mn)E_1+O(n^2+mn)F+O(n^2)E_2$。在 TokenGen 算法中,DO 需要进行 1 次 DET 加密和 2 次伪随机函数,即 $O(1)E_1+O(1)F$。在 Search 算法中,S_1 需要进行 $O(n^3)$ 次同态加密加法,即 $O(n^3)\oplus$,其中 $\oplus$ 表示同态加密加法。在 Dec 算法中,DO 需要进行 $O(n)$ 次 DET 解密和 $O(n)$ 次 HOM 解密,即 $O(n)D_1+O(n)D_2$。

综上所述,在生成安全索引时,DO 的计算代价为 $O(mn)E_1+O(n^2+mn)F+$

$O(n^2)E_2$；在 Top-k 近邻关键词搜索时，DO 的计算代价为 $O(1)E_1 + O(1)F + O(n)D_1 + O(n)D_2$，$S_1$ 的计算代价为 $O(n^3)\oplus$。

（3）通信代价

对于一次 Top-k 邻接关键词搜索，DO 需要向 S_1 发送 1 个搜索令牌 τ，其中包含 1 个 Det 密文和 2 个伪随机函数值；S_1 需要向 DO 发送密文搜索结果，其中包含 $O(n)$ 个 DET 密文和 $O(n)$ 个 HOM 密文。因此，DO 的通信代价为 $O(\lambda)$bits，S_1 的通信代价为 $O(n\lambda)$bits $+ O(n)c$。

总结来说，PKNKS 方案的代价如表 4-2 所列。

表 4-2　PKNKS 方案代价

代　　价	数据拥有者（DO）	云服务器（S_1）
存储代价		$O(n^2\lambda + mn\lambda)$bits $+ O(n^2)c$
计算代价（初始化阶段）	$O(mn)E_1 + O(n^2 + mn)F + O(n^2)E_2$	/
计算代价（搜索阶段）	$O(1)E_1 + O(1)F + O(n)D_1 + O(n)D_2$	$O(n^3)\oplus$
通信代价	$O(\lambda)$bits	$O(n\lambda)$bits $+ O(n)c$

4.6　仿真实验

本节使用真实的社交网络图结构数据集对 PKNKS 方案进行仿真实验，并从存储开销和计算开销两个方面对实验结果进行分析。编程实现和仿真实验所使用的操作系统为 Windows 10，硬件环境为 Intel i7-7700K @ 4.20 GHz CPU 和 32 GB 内存，编程语言为 Python。

4.6.1　实验配置

在进行仿真实验时，测试数据使用 SNAP 中的 feather-lastfm-social 数据集[104]，该数据集为 Last. fm 网站中的社交网络数据，其中包含 7 624 个节点和 27 806 个边。在 feather-lastfm-social 数据集中，每个用户包含一系列的匿名化处理过后的属性，每个用户的属性数量在 300～700。在 PKNKS 方案中，将这些匿名化后的属性作为用户的关键词。

为了验证 PKNKS 方案在处理不同大小的图结构时的性能差异，在进行仿真实验时分别随机选取 feather-lastfm-social 数据集中的子图作为社交网络图结构,子图中包含的节点的数量从 1 000 依次递增至 7 000,每次实验增加 1 000。

PKNKS 方案对称加密方案使用 AES 算法,Paillier 同态加密方案使用 Python 的 phe 库,2-hop 标签生成算法采用文献[75]中的方法,密文比较协议采用文献[102]中的方法。

为了更好地验证 PKNKS 方案的效率,同时编程实现了 LZC17 方案[69],并使用相同的数据集进行实验结果对比。

4.6.2 PKNKS 方案存储开销

在对 PKNKS 方案的存储开销进行仿真实验时,主要关注安全索引 I 的大小。图 4-5 所示为 PKNKS 方案的存储开销实验结果,其中横坐标为社交网络图结构中节点的数量,纵坐标为安全索引 I 的大小(单位:MB)。从图 4-5 中可以看出,PKNKS 方案中安全索引的大小和图结构中节点的数量呈指数关系增长,符合 4.5 节的代价分析结果。对于拥有 7 000 个节点的图结构,生成的安全索引的大小约为 2 500 MB,在实际应用中是可接受的。同时,与 LZC17 方案相比,PKNKS 的安全索引相对较小,这是由于 LZC17 方案在构建安全索引时生成了更多的索引结构,以支持后向搜索。

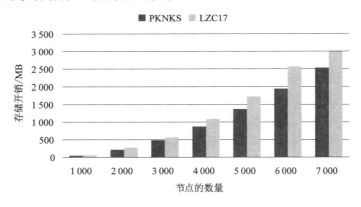

图 4-5 PKNKS 方案存储开销

4.6.3 PKNKS 方案计算开销

PKNKS 方案的计算开销指的是方案中初始化阶段和搜索阶段所需的计算时间,在进行仿真实验时,分别记录方案中每个算法的具体执行时间。

（1）初始化阶段

在初始化阶段中，DO 执行 GraphEnc 算法生成安全索引，GraphEnc 算法的计算开销实验结果如图 4-6 所示，其中横坐标是图结构中节点的数量，纵坐标是算法所需的时间（单位：s）。从图 4-6 中可以看出，GraphEnc 的计算开销和图结构中节点的数量呈指数级增长关系，其中最耗时的部分为 Paillier 的加密算法。在图结构中节点的数量为 7 000 时，生成安全索引需要约 3 278 s。由于 GraphEnc 算法对于一个图结构来说仅需执行一次，因此其效率是可以接受的。另外，GraphEnc 算法能够支持并行计算，在面向大规模图结构时可以大幅缩短时间。

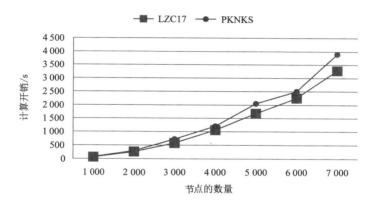

图 4-6　GraphEnc 算法计算开销

从图 4-6 中数据对比可以看出，与 LZC17 方案相比，PKNKS 方案在生成安全索引时的效率相对较低。PKNKS 方案在生成安全索引时主要使用了对称加密算法、Paillier 同态加密算法和伪随机函数，而 LZC17 方案使用了对称加密算法、保序加密算法和伪随机函数。相对而言，同态加密算法的加密和解密效率均低于保序加密算法，因此 PKNKS 方案的整体效率相对较低。

（2）搜索阶段

在搜索阶段中，DO 需要执行 TokenGen 和 Dec 算法，S_1 和 S_2 需要共同执行 Search 算法，详细实验结果如图 4-7 所示，其中横坐标是图结构中节点的数量，纵坐标是算法所需的时间（单位：ms）。在实验中，每次随机生成 100 个搜索语句，并使用平均时间作为实验结果。从图 4-7 中可以看出，PKNKS 方案能够实现高效的 Top-k 近邻关键词搜索过程。其中 TokenGen 算法的计算时间是固定的，仅需约 10 ms；Dec 算法的时间与节点的数量大致呈线性关系，在实验中需 150 ms 以下;Search 算法的计算时间和图结构中节点的数量呈指数增长关系,当图结构中有 7 000 个节点时,需要约 1 458 ms。

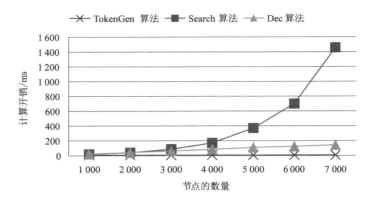

图 4-7 TokenGen、Search、Dec 算法计算开销

图 4-8 中描述了 PKNKS 方案和 LZC17 方案对于整体搜索过程的效率对比。在实验中,LZC17 方案使用前向搜索的搜索方法。从图 4-8 中可以看出,LZC17 方案整体搜索效率更高,并且计算开销与节点的数量呈线性增长趋势。然而从功能性的角度来说,PKNKS 方案在搜索结果中包含每个节点的具体距离,而 LZC17 方案仅包含节点的标识符,无法计算出每个节点的距离。

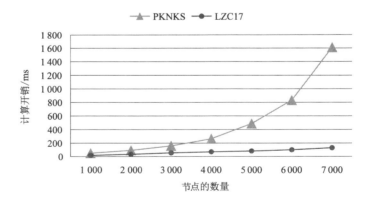

图 4-8 整体搜索效率对比

总结来说,相对于 LZC17 方案,PKNKS 方案在安全索引生成和 Top-k 近邻关键词搜索过程中的效率更低,但具有更好的功能性,适用于更多的应用场景。

4.7　本章小结

本章提出了一种社交网络环境下 Top-k 近邻关键词搜索方案（PKNKS 方案）。首先给出了 PKNKS 方案的形式化定义和安全性定义，并基于此设计了方案的模型；然后对方案的算法构建进行了详细描述，并给出了每个算法的伪代码；接下来对方案进行了安全性分析和代价分析，证明了方案在半诚实威胁模型下满足自适应选择查询攻击安全性；最后对方案进行了编程实现和仿真实验，并从存储开销、计算开销和通信开销 3 个方面对实验结果进行了分析。

第5章 社交网络环境下基于图结构的好友推荐方案

5.1 引言

社交网络是目前人们与朋友维系社交关系的重要渠道之一。在大部分社交网络平台中，好友关系是用户间最常见的关系类型，而在线交友是社交网络平台的重要功能，大部分社交网络服务商都会向平台中的用户提供好友推荐功能[107-108]。好友推荐可以由用户自发进行，例如，用户希望在社交网络中结识新朋友，他可以向社交网络平台发起好友推荐请求。同时，好友推荐也可以由社交网络服务商发起，在用户登录或活跃时自动向其进行好友推荐。上述好友推荐方式均依赖于社交网络服务商所持有的社交网络数据。

社交网络数据包括用户及其相关信息、其好友信息等。在基于社交网络数据进行社交网络好友推荐时，可以根据用户之间的共同特征或社交网络的拓扑结构来确定好友推荐的候选人[109-110]。基于共同特征的好友推荐需要计算目标用户和其他用户之间特征的相似程度，如果两者之间具有较多的相同或相似的特征，即可将其确定为好友推荐的候选人。基于社交网络拓扑结构的好友推荐根据社交网络的用户关系来确定好友推荐候选人名单。本章基于社交网络拓扑结构提出支持隐私保护的好友推荐方案。

社交网络数据可以视为具有拓扑结构的图结构数据，如图 5-1 描述了一个简单的社交网络拓扑结构，图中节点 A、B、C、D 和 E 分别代表不同用户，长度为 1 的边代表两用户之间已经存在好友关系。所有与目标用户距离为 1 的用户为其目前的好友，所有与目标用户距离为 2 的用户为其目前好友的好友，以此类推。在进行好友推荐时，可以将离目标用户距离为 2 的用户作为好友推荐的候选人。

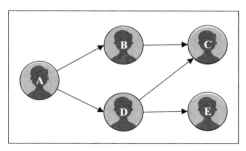

图 5-1　社交网络示例

例如，图 5-1 中的目标用户 A 目前拥有好友 B，两节点之间距离为 1；用户 B 拥有好友 C，即目标用户 A 与用户 C 之间距离为 2。用户 B 是目标用户 A 和用户 C 的共同好友，说明用户 A 和用户 C 之间可能存在一些联系，因此，对于目标用户而言，与之距离为 2 的用户可能是其潜在的好友。另外，如果目标用户 A 和用户 C 之间存在的共同好友越多，则说明目标用户 A 和用户 C 是潜在好友的概率越大。因此，在进行好友推荐时，可以设定一个阈值 t，如果两个用户之间拥有至少 t 个共同好友，则将其确定为好友推荐的候选人。在图 5-1 中，目标用户 A 和用户 C 之间拥有 2 个共同好友（用户 B 和用户 D），而目标用户 A 和用户 E 之间只拥有 1 个共同好友（用户 D）。因此，如果设定阈值 $t=2$，那么只有用户 C 被选择进入目标用户 A 的好友推送列表。

随着社交网络规模的增大，社交网络图结构中节点和边的数量快速增加，同时拓扑结构也越来越复杂，导致好友推荐所需要的计算量越来越大。同时，随着社交网络中用户数量增多，好友推荐请求的数量大幅增加，社交网络服务商需要承担巨大的计算代价。近年来，随着云存储和云计算的快速发展，社交网络服务商可以通过将社交网络数据外包至云服务器中，借助云服务器的计算资源来完成大量的好友推荐计算，进而降低本地的数据存储代价和计算代价。

然而，社交网络数据中的好友关系涉及用户隐私信息，如果直接将社交网络图结构以明文的方式存储在云服务器中，则会造成隐私泄露[111-112]。目前大多数社交网络好友推荐算法无法支持针对密态图结构的计算，而少部分支持密态图结构的好友推荐算法存在隐私泄露的问题，例如，泄露图结构各节点的邻接节点信息。因此，如何在隐私保护的前提下，实现社交网络好友推荐是目前学术界和工业界需要研究解决的问题。

本章围绕上述问题,提出一种社交网络中支持隐私保护的好友推荐方案(PFR 方案)。该方案将社交网络数据形式化为图结构数据,用户即为图结构中节点,用户的好友关系即为图结构中的边。该方案基于同态加密和伪随机函数等关键技术构建,通过协同服务器与云服务器共同完成密文图结构数据上的好友推荐计算。在好友推荐计算中,该方案使用基于拓扑结构的好友推荐方法,即对于目标节点,图结构中所有与其距离为 2,且阈值 $\geq t$ 的节点集合作为计算结果。首先,对 PFR 方案进行模型设计,并对方案进行形式化定义和安全性定义;然后,给出方案的详细构建,包括算法的具体过程和伪代码;接下来,对方案进行正确性证明和安全性证明,分别从存储代价、计算代价和通信代价分析方案效率;最后,对方案进行仿真实验,并对实验结果进行分析。

5.2　方案模型

PFR 方案涉及 3 种实体:数据拥有者(data owner,简称 DO)、云服务器(cloud,简称 C)和协同服务器(collaborate server,简称 CS)。各实体的功能如下:

(1)数据拥有者:持有社交网络数据,对数据进行处理生成安全索引并存储到云服务器,根据目标用户向云服务器提起好友推荐请求,并处理密文推荐结果。

(2)云服务器:存储安全索引,并根据数据拥有者的请求执行好友推荐密文计算,返回密文好友推荐结果。

(3)协同服务器:辅助云服务器进行好友推荐密文计算。

PFR 方案的模型如图 5-2 所示。该方案中,数据拥有者是社交网络服务商,其持有大量的社交网络数据,并需要为目标用户提供好友推荐服务。

PFR 方案的流程如下:

(1)首先数据拥有者将社交网络数据转换为图结构数据,并进行加密且生成安全索引,然后将安全索引外包存储至云服务器。

(2)在为目标用户提供好友推荐服务时,数据拥有者根据目标用户生成令牌,并发送给云服务器。

(3)云服务器使用令牌和安全索引进行查找,并与协同服务器共同进行密文计算,将密文好友推荐结果返回给数据拥有者。

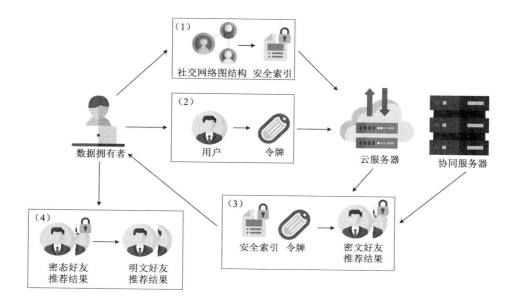

图 5-2　PFR 方案模型

（4）数据拥有者对密文好友推荐结果进行解密，得到明文的好友推荐结果。
在详细描述 PFR 方案之前，首先定义本章所用的符号，如表 5-1 所列。

表 5-1　本章符号定义表

符号	描　　述
DO	数据拥有者
C	云服务器
CS	协同服务器
pk, sk	Paillier 同态加密方案的公钥和私钥
$G = (V, E)$	社交网络的图结构，V 是节点的集合，E 是边的集合
$|V|, m$	G 中节点的数量
HOM	Paillier 同态加密方案
F	伪随机函数
k_1, k_2	F 的密钥
(pk, sk)	HOM 的公钥和私钥
I	安全索引

表 5-1(续)

符号	描　　述
τ	令牌
$D[\text{key}]:=\text{value}$	将 $(\text{key},\text{value})$ 作为键和值存入字典 D 中
$\text{value}=D[\text{key}]$	在字典 D 中使用 key 作为键取出值 value
L_1,L_2	泄露函数
$N(v)$	节点 v 的邻接节点的集合
$V[i]$	V 中的第 i 个节点
$M[i][j]$	矩阵 M 中第 i 行第 j 列的值
λ	安全参数
t	好友推荐阈值

5.2.1　形式化定义

定义 5.1　PFR 方案：PFR 方案由 5 个多项式时间算法构成，即 PFR＝(KeyGen, Enc, TokenGen, Recommend, Dec)。各算法的定义如下：

（1）(pk,sk,k_1,k_2,t)←KeyGen(λ)：密钥生成算法，由数据拥有者执行。算法的输入为安全参数 λ，算法的输出为同态加密算法的密钥对 (pk,sk)、F 的密钥 k_1 和 k_2、好友推荐阈值 t。算法执行完毕后，数据拥有者将 pk 公开，并通过安全信道将 t 和 sk 发送至协同服务器。

（2）I←Enc(G,pk,k_1,k_2)：加密算法，由数据拥有者执行。算法的输入为社交网络图结构 G、公钥 pk、密钥 k_1 和 k_2，输出为安全索引 I。数据拥有者使用伪随机函数和同态加密算法将图结构 G 进行加密，并构建基于字典结构的安全索引 I。算法执行完毕后，数据拥有者将 I 发送给云服务器。

（3）τ←TokenGen(v,k_1,k_2)：搜索令牌生成算法，由数据拥有者执行。算法的输入为要进行好友推荐的节点 v、密钥 k_1 和 k_2，输出为令牌 τ。数据拥有者使用伪随机函数生成搜索令牌 τ，并将 τ 发送给云服务器。

（4）(R^*,r)←Recommend(τ,I,pk,sk,t)：好友推荐算法，由云服务器和协同服务器共同执行。算法的输入为搜索令牌 τ、安全索引 I、密钥对 (pk,sk) 和好友推荐阈值 t，输出为密文搜索结果 R^* 和随机数 r。云服务器首先使用令牌在安全索引中进行查找，和协同服务器共同使用同态加密算法进行密文计算，最终得到密文好友推荐结果 R^* 和一个随机数 r，并发送给数据拥有者。

（5）$R \leftarrow \mathrm{Dec}(R^*, r, sk)$：解密算法，由数据拥有者执行。算法的输入为密文好友推荐结果 R^*、随机数 r 和私钥 sk，输出为明文好友推荐结果 R。数据拥有者使用同态加密算法进行解密，并使用随机数 r 进行运算，得到明文的好友推荐结果 R。

PFR 方案的正确性定义如下：

定义 5.2　PFR 方案正确性：对于任意的密钥 $(pk, sk, k_1, k_2, t) \leftarrow \mathrm{KeyGen}(\lambda)$、任意的社交网络图结构 $G = (V, E)$ 和图结构中任意的节点 v，DO、C 和 CS 执行算法 Enc、TokenGen、Recommend 和 Dec。如果 Dec 算法的输出 R 满足以下条件，则 PFR 方案是正确的：

（1）R 中的节点与 v 在 G 中的距离为 2；

（2）R 中的节点和 v 之间至少有 t 个共同邻接节点；

（3）G 中不存在其他节点满足条件（1）和条件（2）。

5.2.2　安全性定义

在安全性方面，社交网络中隐私保护的好友推荐方案需要保护社交网络图结构的隐私信息，包括图结构中节点的标识符、节点的数量、边的数量、每条边的起点和终点等。在理想情况下，云服务器和协同服务器都无法获得任何关于图结构的信息。然而在实际应用中，实现以上安全目标将会使方案的效率大幅降低，使方案无法满足效率需求。因此，本章提出的方案在安全性和效率两个方面进行权衡，并找到其中最优的平衡点，通过允许部分的隐私泄露来提高方案的效率。

针对方案中存在的隐私泄露，定义两个泄露函数 L_1 和 L_2，分别代表安全索引泄露的隐私信息以及好友推荐计算过程泄露的隐私信息。L_1 和 L_2 定义如下：

（1）L_1：图结构中节点的数量、图结构中每个节点的邻接节点的数量。

（2）L_2：一个节点是否之前进行过好友推荐（搜索模式）、好友推荐结果中节点的数量、好友推荐的节点和图结构中每个节点的共同邻接节点的数量。

PFR 方案基于可搜索加密的思想构建，因此采用可搜索加密的通用安全模型，即自适应选择查询攻击安全性（IND-CQA2）。PFR 方案假设云服务器和协同服务器是半诚实的实体，也就是说它们会正确地执行方案中的所有算法，不会主动返回错误的计算结果，但会根据其在方案中能够获取到的信息尽可能地获取或推论关于社交网络图结构的信息。另外，还需要假设云服务器和协同服务器在方案中不能共谋。

PFR 方案的正式安全性定义如下：

定义 5.3　PFR 方案自适应选择查询攻击安全性：设 PFR＝(KeyGen, Enc, TokenGen, Recommend, Dec) 为一个社交网络中隐私保护的好友推荐方案，A_1 为半诚实的云服务器敌手，A_2 为半诚实的协同服务器敌手，S 为一个模拟器，L_1 和 L_2 为两个泄露函数。定义以下两个实验：

（1）真实环境实验 $\mathrm{Real}_A(\lambda)$。敌手 A_1、A_2 和数据拥有者 DO 使用方案中的算法进行交互，具体步骤如下：

① DO 执行 $(pk, sk, k_1, k_2, t) \leftarrow \mathrm{KeyGen}(\lambda)$，并将 pk 发送给 A_1，将 pk、sk 和 t 发送给 A_2；

② A_1 构建两个图结构 G_0 和 G_1，并发送给 DO；

③ DO 随机选择 G_0 或 G_1 作为自己的图结构 G，并执行 $I \leftarrow \mathrm{Enc}(G, pk, k_1, k_2)$ 算法，然后将生成的安全索引 I 发送给 A_1；

④ A_1 选择一个节点 v，并发送给 DO；

⑤ DO 使用 $\tau \leftarrow \mathrm{TokenGen}(v, k_1, k_2)$ 算法生成令牌 τ，并发送给 A_1；

⑥ A_1 和 A_2 共同执行 $(R^*, r) \leftarrow \mathrm{Recommend}(\tau, I, pk, sk, t)$ 算法，得到密文好友推荐结果 R^*；

⑦ A_1 输出一个比特 b，作为真实环境实验的结果。

在以上步骤中，步骤④～⑥可以重复执行多项式次。

（2）模拟环境实验 $\mathrm{Ideal}_{A,S}(\lambda, L_1, L_2)$。敌手 A_1 和 A_2 和模拟器 S 进行交互，具体步骤如下：

① S 执行生成 HOM 方案的密钥对 (pk, sk) 和好友推荐阈值 t，并将 pk 发送给 A_1，将 pk、sk 和 t 发送给 A_2；

② A_1 构建两个图结构 G_0 和 G_1，并发送给 S；

③ S 根据泄露函数 L_1 中包含的信息，生成一个模拟的安全索引 I^*，并发送给 A_1；

④ A_1 选择一个节点 v，并发送给 S；

⑤ S 根据泄露函数 L_2 中包含的信息，生成一个模拟的搜索令牌 τ^*，并发送给 A_1；

⑥ A_1 和 A_2 共同执行 $(R^*, r) \leftarrow \mathrm{Recommend}(\tau^*, I^*, pk, sk, t)$ 算法，得到密文好友推荐结果 R^*；

⑦ A_1 输出一个比特 b，作为模拟环境实验的结果。

在以上步骤中,步骤④～⑥可以重复执行多项式次。

在以上两个实验中,如果所有的概率多项式时间(probabilistic polynomial-time,简称 PPT)敌手 A_1 和 A_2,都存在一个模拟器 S,使得 A_1 无法区分真实环境实验和模拟环境实验,即

$$|\Pr[\text{Real}_A(\lambda)=1]-\Pr[\text{Ideal}_{A,s}(\lambda,L_1,L_2)=1]|\leqslant negl(\lambda)$$

其中,$negl()$ 为可忽略函数,则 PFR 方案满足自适应选择查询攻击安全性。

5.3　方案详细构造

首先,对方案中图结构等进行预定义。在 PFR 方案中,DO 使用无向非加权图结构 $G=(V,E)$ 表示社交网络数据,其中 V 是图结构中节点的集合,V 中的每个节点使用一个唯一整数表示,可以视为社交网络中各个用户的唯一标识符;E 是图结构中边的集合,如果两个节点 v_i 和 v_j 之间存在一条边,那么说明这两个用户在社交网络中是好友关系,同时定义每条边的长度都为 1。将 G 中节点的数量表示为 m,即 $m=|V|$,并且使用 $V[i]$ 表示 V 中的第 i 个节点。对于一个节点 v,将其所有邻接节点的集合表示为 $N(v)$,也就是说 $N(v)$ 包含 G 中所有与 v 距离为 1 的节点。另外,在本章中使用 $M[i][j]$ 表示一个矩阵 M 的第 i 行第 j 列的值。

基于预定义图结构 G,PFR 方案的设计目标可以形式化为:给定无向非加权图 G、图 G 中任意节点 v 和阈值 t,输出图 G 中所有与该节点距离为 2 的节点,同时与该节点拥有不少于阈值 t 的共同邻节点。另外,PFR 方案的安全目标为计算过程中不会泄露图结构数据隐私。

其次,预定义 PFR 方案中所使用的 Paillier 同态加密算法和一个安全的伪随机函数。将 Paillier 同态加密方案表示为 HOM=(Gen,Enc,Dec),其中 HOM. Gen 是密钥生成算法、HOM. Enc 是加密算法、HOM. Dec 是解密算法。在密文空间中,定义 $\oplus$ 表示 Paillier 同态加法,$\otimes$ 表示 Paillier 同态乘法。将伪随机函数表示为 $F:\{0,1\}^\lambda \times \{0,1\}^* \rightarrow \{0,1\}^\lambda$。

5.3.1　密钥生成算法

密钥生成算法,表示为 $(pk,sk,k_1,k_2)\leftarrow \text{KeyGen}(\lambda)$:DO 根据安全参数 λ 生成系统各实体所需密钥。

该算法具体执行过程如下:

首先,DO 执行 Paillier 同态加密方案 HOM 的密钥生成算法 HOM. Gen,生成 HOM 密钥对(pk,sk),然后 DO 随机选择两个长度为 λ 的比特串 k_1 和 k_2,作为伪随机函数 F 的密钥。

随后,DO 将 HOM 公钥 pk 公开,并将 HOM 私钥 sk 和阈值 t 通过安全信道发送给 CS。

5.3.2　加密算法

加密算法,表示为 $I \leftarrow Enc(G,pk,k_1,k_2)$：DO 利用 Paillier 同态加密算法 HOM 和伪随机函数 F 将图结构 $G=(V,E)$ 处理为安全索引 I。定义安全索引 $I=(I_1,I_2)$,I_1 和 I_2 为两个字典结构。

该算法具体执行过程如下：

首先,DO 初始化字典结构 I_1 和 I_2。

构建字典结构 I_1：对于 V 中的每个节点 v,使用伪随机函数 F 和密钥 k_1 计算 $v^* = F(v,k_1)$。然后,随机选择一个长度为 λ 的比特串 add,并使用伪随机函数 F 和密钥 k_2 计算 $add^* = add \oplus F(v,k_2)$。将 v^* 作为键,将 add^* 作为值插入字典 I_1 中。

构建字典结构 I_2：对于 V 中的每个节点 v,统计节点 v 的所有邻接节点的集合 $N(v)$。遍历 v 的所有邻接节点,即对于 $N(v)$ 中的每个节点 u,生成一个加密矩阵 $\boldsymbol{M}$。

对于邻接节点集合 $N(v)$ 中的每个节点 v,DO 生成一个 m 行、2 列的矩阵 $\boldsymbol{M}$,其中 m 是 V 中节点的数量。然后,遍历 V 中所有的节点,用 $V[i]$ 表示 V 中的第 i 个节点,其中 $1 \leqslant i \leqslant m$。

① 如果 $V[i]$ 是 v 的邻接节点,即 $V[i] \in N(v)$,则 DO 使用 Paillier 同态加密算法 HOM 加密 $V[i]$,并存入矩阵 $\boldsymbol{M}$ 的第 i 行第 1 列,即计算：
$$\boldsymbol{M}[i][1] = \text{HOM. Enc}(V[i],pk),\boldsymbol{M}[i][2] = \text{HOM. Enc}(1,pk)$$
② 如果 $V[i]$ 不是 v 的邻接节点,即 $V[i] \notin N(v)$,则计算：
$$\boldsymbol{M}[i][1] = \text{HOM. Enc}(0,pk),\boldsymbol{M}[i][2] = \text{HOM. Enc}(0,pk)$$
对于 V 中的每个节点 v,DO 初始化列表 L,并将矩阵 $\boldsymbol{M}$ 放在列表 L 中。列表 L 中共有 $|N(v)|$ 个矩阵。将比特串 add 作为键,将列表 L 作为值插入字典 I_2 中。

最后,DO 将安全索引 $I=(I_1,I_2)$ 发送给 C 进行存储。

在安全索引 I 中,字典结构 I_1 中共有 $|V|$ 个条目,I_1 中的每个条目对应 V

中的一个节点 v。同时，每个节点 v 对应字典结构 I_2 中的一个条目，该条目中包含 $|N(v)|$ 个加密矩阵，每个矩阵的大小为 $m \times 2$。

　　加密算法的伪代码描述如下：

Algorithm 1 $I \leftarrow \mathrm{Enc}(G, pk, k_1, k_2)$

Input：graph $G = (V, E)$，*public key* pk，*secret keys* k_1 *and* k_2

Output：secure index $I = (I_1, I_2)$

1. DO initializes empty dictionaries I_1 and I_2；
2. **foreach** vertex $v \in V$
3. 　　DO computes $v^* = F(v, k_1)$；
4. 　　DO selects a λ-bits random string *add*；
5. 　　DO computes $add^* = add \oplus F(v, k_2)$；
6. 　　DO sets $I_1[v^*] := add^*$；
7. 　　DO initializes an empty list L；
8. 　　**foreach** vertex v in $N(v)$
9. 　　　DO initializes a matrix $\boldsymbol{M}$ with m rows and 2 columns；
10. 　　**for** $i = 1$ to m
11. 　　　**if** $V[i] \in N(v)$
12. 　　　　DO computes and sets $\boldsymbol{M}[i][1] = \mathrm{HOM.Enc}(V[i], pk)$；
13. 　　　　DO computes and sets $\boldsymbol{M}[i][2] = \mathrm{HOM.Enc}(1, pk)$；
14. 　　　**else**
15. 　　　　DO computes and sets $\boldsymbol{M}[i][1] = \mathrm{HOM.Enc}(0, pk)$；
16. 　　　　DO computes and sets $\boldsymbol{M}[i][2] = \mathrm{HOM.Enc}(0, pk)$；
17. 　　　**end**
18. 　　**end**
19. 　　DO inserts $\boldsymbol{M}$ into L；
20. 　　**end**
21. 　　DO sets $I_2[add] := L$；
22. **end**
23. **return** $I = (I_1, I_2)$

5.3.3　令牌生成算法

　　令牌生成算法，表示为 $\tau \leftarrow \mathrm{TokenGen}(v, k_1, k_2)$：DO 对图结构中的目标节点 v，使用伪随机函数 F 和密钥 k_1、k_2，生成令牌 τ。

　　该算法具体执行过程如下：

　　首先，定义令牌 $\tau = (\tau_1, \tau_2)$，其中 $\tau_1 = F(v, k_1)$，$\tau_2 = F(v, k_2)$。在好友推荐

算法中,τ_1 被用于判断目标节点 v 是否存在于密态图结构中,τ_2 被用于搜索目标节点 v 的邻接节点。

然后,DO 将令牌 $\tau = (\tau_1, \tau_2)$ 发送给 C。

5.3.4 好友推荐算法

好友推荐算法,表示为 $R^* \leftarrow \text{Recommend}(\tau, I, pk, sk, t)$:远程服务器根据令牌 τ 和安全索引 I,基于好友推荐阈值 t,计算目标点 v 的密文好友集合。

该算法具体执行过程如下:

首先,C 利用令牌 $\tau = (\tau_1, \tau_2)$ 中的 τ_1 作为键在字典结构 I_1 中进行查找。

① 如果 τ_1 存在,则继续。

② 如果 τ_1 不存在,则终止算法执行,说明目标节点不在图结构中;如果 τ_1 存在,则在字典结构 I_1 中取该键对应的值 add^*,并计算 $add = add^* \oplus \tau_2$。

利用 add 作为键在字典结构 I_2 中进行查找。

① 如果 add 存在,则继续。

② 如果 add 不存在,则终止算法执行。

如果 add 存在,则在字典结构 I_2 中取出对应的值 L。列表 L 中包含 $|N(v)|$ 个加密矩阵 $\boldsymbol{M}_1, \boldsymbol{M}_2, \cdots, \boldsymbol{M}_{|N(v)|}$,每个矩阵的大小为 m 行、2 列。

对于列表 L 中的加密矩阵 $\boldsymbol{M}_1, \boldsymbol{M}_2, \cdots, \boldsymbol{M}_{|N(v)|}$,C 利用 Paillier 同态加法算法 HOM.$\oplus$ 和 Paillier 同态乘法算法 HOM.$\otimes$ 进行计算,得到一个新的加密矩阵 $\boldsymbol{M}'$。加密矩阵 $\boldsymbol{M}'$ 的计算过程如下所示,其中 r 是随机数。

$$\boldsymbol{M}' = \begin{cases} \boldsymbol{M}'[i][2] = \sum_{\boldsymbol{M}_j \otimes L}^{\oplus} \boldsymbol{M}_j[i][2] \\ \boldsymbol{M}'[i][1] = \left(\sum_{\boldsymbol{M}_j \otimes L}^{\oplus} \boldsymbol{M}_j[i][1] \right) \oplus (\boldsymbol{M}'[i][2] \otimes r) \end{cases} \quad (1 \leqslant i \leqslant m)$$

C 将加密矩阵 $\boldsymbol{M}'$ 的行进行随机置换,并将置换结果发送给 CS,同时将随机数 r 发送给 DO。

CS 收到置换加密矩阵 $\boldsymbol{M}'$ 后,初始化列表 R^*,用于存储好友推荐结果的密文。首先,使用 HOM 私钥 sk 对矩阵 $\boldsymbol{M}'$ 的第 2 列进行解密,即 $di = \text{HOM.Dec}(\boldsymbol{M}'[i][2], sk)$。对于所有 di,CS 判断 di 是否大于阈值 t。

如果 $di \geqslant t$,说明 i 所对应的节点是符合好友推荐要求的(即与目标节点 v 距离为 2,同时与目标节点 v 拥有不少于阈值 t 的共同邻接点),则使用 HOM 私钥 sk 将 $\boldsymbol{M}'[i][1]$ 进行解密,计算 $f = \text{HOM.Dec}(\boldsymbol{M}'[i][1], sk)/d$ 和 $f^* = \text{HOM.Enc}(f, pk)$。将 f^* 存入列表 R^* 中。

如果 $di<t$,说明 i 所对应的节点不符合好友推荐要求(即与目标节点 v 的共同邻接点数量少于阈值 t),则计算 $f^*=\text{HOM.Enc}(0,pk)$。将 f^* 存入列表 R^* 中。

最终,CS 将列表 R^* 作为密文好友集合发送给 DO。

针对简单的无向非加权图 G 构建安全索引并用密文计算生成密文好友集合的过程,如图 5-3 所示。

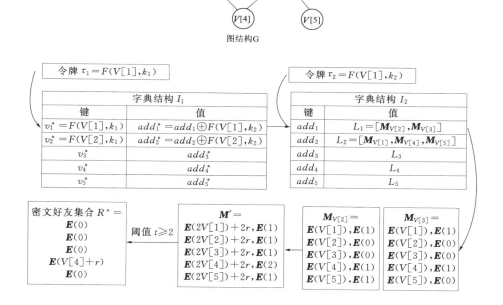

图 5-3　安全索引构建和密文计算举例

给定无向非加权图 G,构建安全索引 $I=(I_1,I_2)$。字典结构 I_1 和字典结构 I_2 中各有 5 个条目,对应图结构中各节点。其中,$M_{V[i]}$ 表示关于节点 $V[i]$($1\leqslant i\leqslant5$)的加密矩阵。$E(V[i])$、$E(1)$ 以及 $E(0)$ 分别表示 $V[i]$、1 以及 0 的 Paillier 同态密文值,即 $\text{HOM.Enc}(V[i],pk)$、$\text{HOM.Enc}(1,pk)$ 以及 $\text{HOM.Enc}(0,pk)$。从图 5-3 中可以看出,节点 $V[1]$ 的邻接节点的集合 $N(v)=\{V[3],$

$V[2]$}。因此,字典结构 I_2 中,与 $V[1]$ 对应的列表存储关于 $V[3]$,$V[2]$ 的两个加密矩阵 $M_{V[2]}$,$M_{V[3]}$。加密矩阵大小为 5 行×2 列。

在密文计算过程中,给定目标节点 $V[1]$,利用令牌生成算法生成令牌,对字典结构 I_1 和字典结构 I_2 相继进行搜索,得到相应的加密矩阵存储列表 L_1。对列表中的矩阵按照好友推荐算法进行计算,最后得到列表 R^* 作为密文好友集合。列表 R^* 只有节点 $V[4]$ 具备有效密文,即只有节点 $V[4]$ 与目标节点 $V[1]$ 之间距离为 2,且有至少 $t \geqslant 2$ 的相同的邻接节点(相同邻接节点为 $V[2]$,$V[3]$)。

好友推荐算法的伪代码描述如下:

Algorithm 2 $R^* \leftarrow$ Recommend (τ, I, pk, sk, t)

Input:token $\tau = (\tau_1, \tau_2)$,secure index $I = (I_1, I_2)$,public key pk,private key sk,and threshold t

Output:encrypted friend list R^*,random number r

1. C initializes an empty list R^*;
2. C retrieves $add^* = I_1[\tau_1]$;
3. C computes $add = add^* \oplus \tau_2$;
4. C retrieves $L = I_2[add]$;
5. C initializes a matrix M' with m rows and 2 columns;
6. C select a random number r;
7. **for** $i = 1$ **to** m
8.   C computes and sets $M'[i][2] = \sum_{M_j \in L}^{\oplus} M_j[i][2]$;
9.   C computes and sets $M'[i][1] = (\sum_{M_j \in L}^{\oplus} M_j[i][1]) \oplus (M'[i][2] \otimes r)$;
10. **end**
11. C randomly permutates the rows of M';
12. C **returns** r to DO;
13. C sends M' to CS;
14. **for** $i = 1$ **to** m
15.   CS computes $d = \text{HOM.Dec}(M'[i][2], sk)$;
16.   **if** $d \geqslant t$
17.   CS computes $f = \text{HOM.Dec}(M'[i][1], sk)/d$;
18.   CS computes $f^* = \text{HOM.Enc}(f, pk)$;
19.   CS inserts f^* into R^*;
20.   **else**
21.   CS computes $f^* = \text{HOM.Enc}(0, pk)$;
22.   CS inserts f^* into R^*;

23.　　**end**

24.　**end**

25. CS returns R^* to DO

___

5.3.5　解密算法

解密算法,表示为 $R \leftarrow \mathrm{Dec}(R^*, r, sk)$:DO 解密密文好友集合 R^*。

该算法具体执行过程如下:

对于密文好友集合 R^* 中的每一个密文 f^*,使用 HOM 私钥 sk 进行解密,得到 $f = \mathrm{HOM.Dec}(f^*, sk)$。如果 f 不等于 0,则计算 $f = f - r$(其中 r 为 C 在好友推荐算法中使用的随机数,C 在好友推荐算法中将其发送给了 DO),该计算结果即是社交网络图结构中符合好友推荐条件的点的唯一标识符。对于不符合好友推荐要求的节点,则解密值 f 等于 0,不会泄露关于该节点的任何信息。

5.4　方案正确性和安全性证明

5.4.1　PFR 方案正确性证明

在 PFR 方案中,当 DO、C 和 CS 正确地执行方案的算法时,对于任意的社交网络图结构 $G = (V, \boldsymbol{E})$,G 中任意的一个节点 v 和任意的好友推荐阈值 t,证明 $R \leftarrow \mathrm{Dec}(R^*, r, sk)$ 算法的结果满足:

(1) R 中的节点与 v 在 G 中的距离为 2;

(2) R 中的节点和 v 之间至少有 t 个共同邻接节点;

(3) G 中不存在其他节点,满足条件(1)和条件(2)。

证明:对于任意的图结构 $G = (V, \boldsymbol{E})$,DO 使用 Enc 算法生成一个安全索引 $I = (I_1, I_2)$。其中字典结构 I_1 中包含 $|V|$ 个条目,每个条目的键 V 中一个节点 v 的伪随机函数 $v^* = F(v, k_1)$,值是该节点的伪随机函数和一个随机比特串 add 的异或值 $add^* = add \oplus F(v, k_2)$。$add$ 是字典结构 I_2 中一个条目的键,因此,每个节点 v 在字典结构 I_1 中对应一个条目,同时也在字典结构 I_2 中对应一个条目。

字典结构 I_2 同样包含 $|V|$ 个条目,每个条目的键是前面生成的 add,值是该条目对应的节点 v 的邻接节点所生成的密文矩阵 $\boldsymbol{M}$。假设 v 在 G 中有 3 个

邻接节点,则其在 I_2 中对应的条目的值为 3 个密文矩阵。

对于 V 中的任意节点 v,其任意邻接节点 v 所对应的密文矩阵 $\boldsymbol{M}$ 的大小为 m 行×2 列,其中 $m=|V|$ 是 G 中节点的数量。$\boldsymbol{M}$ 的第 i 行对应 V 中的一个节点 $V[i]$。如果 $V[i]$ 和 v 在 G 中邻接,也就是说 $V[i]$ 和 v 在 G 中的距离为 2,则 $\boldsymbol{M}[i][1]$ 是 $V[i]$ 的同态加密密文,$\boldsymbol{M}[i][2]$ 是 1 的同态加密密文;如果 $V[i]$ 和 v 在 G 中不邻接,也就是说 $V[i]$ 和 v 在 G 中的距离不为 2,则 $\boldsymbol{M}[i][1]$ 和 $\boldsymbol{M}[i][2]$ 都是 0 的同态加密密文。

在好友推荐时,DO 首先根据一个节点 v 生成两个伪随机函数的值,分别为 $F(v,k_1)$ 和 $F(v,k_2)$。C 根据 $F(v,k_1)$ 可以在 I_1 中找到 v 所对应的条目,并获得 $add^*=add \oplus F(v,k_2)$。然后使用 $F(v,k_2)$,C 可以计算出 $add=add^* \oplus F(v,k_2)=add \oplus F(v,k_2) \oplus F(v,k_2)$,即 C 得到了 v 在 I_2 中对应的键。接下来使用 add,C 可以在 I_2 中获得 v 的所有邻接节点对应的密文矩阵。

然后,C 将所有获得的密文矩阵进行同态相加,得到一个密文矩阵 $\boldsymbol{M}'$。在进行矩阵同态加法时,首先将所有密文矩阵中每一行的第 2 列相加,相加的结果是一个节点 $V[i]$ 和 v 在 G 中共同邻接节点的数量。例如 v 和 $V[i]$ 在 G 中存在 3 个共同邻接节点,即 v 和 $V[i]$ 在社交网络中存在 3 个共同好友,则 $\boldsymbol{M}'[i][2]$ 为 3 的密文。接下来 C 将所有密文矩阵中每一行的第 1 列相加,并将相加的结果同态地和 $\boldsymbol{M}'[i][2] \otimes r$ 相加。例如 v 和 $V[i]$ 在 G 中存在 3 个共同邻接节点,则 $\boldsymbol{M}'[i][1]$ 的结果为 $3V[i]+3r$ 的密文。

计算结束后,C 将 $\boldsymbol{M}'$ 发送给 CS,并将 r 发送给 DO。由于 CS 拥有 HOM 的私钥 sk,因此其可以解密每一行的第 2 列的值,得到明文 d,并将其与阈值 t 进行比较。如果 $d \geqslant t$,则说明 $V[i]$ 和 v 在 G 中包含大于或等于 t 个共同好友,因此 $V[i]$ 是 v 的好友推荐的候选人。在这种情况下,CS 将 $\boldsymbol{M}'[i][1]$ 解密,并除以 d,即可得到 $f=V[i]+r$。例如 v 和 $V[i]$ 在 G 中存在 3 个共同邻接节点,则 $d=3$,$\boldsymbol{M}'[i][1]=3V[i]+3r$,因此 $f=(3V[i]+3r)/3=V[i]+r$。如果 $d<t$,则说明 $V[i]$ 和 v 在 G 中包含少于 t 个共同好友,因此 $V[i]$ 不是 v 的好友推荐的候选人。在这种情况下,CS 使 $f=0$,最后 CS 将所有的 f 进行加密,并发送给 DO。

DO 解密所有收到的密文。对于所有不为 0 的明文 f,DO 使用随机数 r 计算 $f-r=V[i]+r-r=V[i]$,即可获得所有好友推荐的候选人的明文。

综上所述,如果所有的参与者都正确地执行方案中的算法,则对于 G 中任意一个节点 v,PFR 方案可以正确地找到所有与 v 距离为 2 的节点,并且这些节

点和 v 之间至少存在 t 个共同邻接节点。

5.4.2　PFR 方案安全性证明

定理 5.1　PFR 方案自适应选择查询攻击安全性：如果 HOM 是满足 IND-CPA 安全性的同态加密方案、F 是安全的伪随机函数，则 PFR 方案在泄露函数 L_1 和 L_2 下满足自适应选择查询攻击安全性。

证明：在证明 PFR 方案的安全性时，首先构建真实环境实验 $\mathrm{Real}_A(\lambda)$。在该实验中，敌手 A_1 和 A_2 与数据拥有者 DO 共同执行 PFR 方案中的算法。$\mathrm{Real}_A(\lambda)$ 实验的定义如下：

$$\mathrm{Real}_A(\lambda):$$
$$(G_0, G_1) \leftarrow A_1$$
$$b \xleftarrow{\$} \{0, 1\}$$
$$(pk, sk, k_1, k_2, t) \leftarrow \mathrm{KeyGen}(\lambda)$$
$$I \leftarrow \mathrm{Enc}(G_b, pk, k_1, k_2)$$
$$v \leftarrow A_1$$
$$\tau \leftarrow \mathrm{TokenGen}(v, k_1, k_2)$$
$$(R^*, r) \leftarrow \mathrm{Recommend}\,(\tau, I, pk, sk, t)$$
$$b' \leftarrow A_1(I, \tau, R)$$
$$\mathrm{if}\ b' = b:$$
$$\quad \mathrm{output}\ 1$$
$$\mathrm{else}:$$
$$\quad \mathrm{output}\ 0$$

在真实环境实验中，半诚实的云服务器敌手 A_1 和半诚实的协同服务器敌手 A_2 与数据拥有者 DO 使用 PFR 方案中的算法进行交互。首先，A_1 选择两个图结构 G_0 和 G_1，并发送给 DO。G_0 和 G_1 需要满足以下条件，这些信息包含在泄露函数 L_1 中：

（1）G_0 和 G_1 中节点的数量相同；

（2）对于一个相同的节点 v，其在 G_0 和 G_1 中邻接节点的数量相同。

首先，DO 随机选择一个比特 b，在 G_0 和 G_1 中，将 G_b 作为自己的图结构。然后，DO 执行密钥生成算法 $(pk, sk, k_1, k_2, t) \leftarrow \mathrm{KeyGen}(\lambda)$，将 pk 发送给 A_1，将 pk, sk 和 t 发送给 A_2。DO 执行 $I \leftarrow \mathrm{Enc}(G_b, pk, k_1, k_2)$ 算法，将安全索引 I 发送给 A_1。

在 Recommend 算法中，A_1 选择节点 v 并发送给 DO。在收到 v 后，DO 执行令牌生成算法 $\tau \leftarrow \mathrm{TokenGen}(v, k_1, k_2)$，将令牌 τ 发送给 A_1。在收到令牌后，

A_1 和 A_2 共同执行 Recommend (τ, I, pk, sk, t) 算法,并获得密文好友推荐结果 R^*。该质询过程可以重复多项式次。

最终,A_1 猜测一个比特 b'。如果 $b' = b$,实验输出 1;如果 $b' \neq b$,则实验输出 0。将真实环境实验中敌手的优势定义为 $\mathrm{Adv}(\mathrm{Real}_A) = |\Pr[\mathrm{Real}_A(\lambda) = 1] - 1/2|$。

在以上实验中,A_1 能够获得的信息包括安全索引 I、令牌 τ 和密文好友推荐结果 R^*。由于 G_0 和 G_1 满足条件 $|V_0| = |V_1|$,因此 I_1 和 I_2 中条目的数量对于两个图结构来说是相同的。I_1 中的键为一个节点 v 的伪随机函数值,由于 A_1 没有密钥 k_1,所以 A_1 无法根据一个伪随机函数值得到关于 v 的信息。I_1 中每个条目的值为一个哈希函数值和一个随机地址 add 的异或值,由于 A_1 没有密钥 k_2,因此 A_1 也无法根据 I_1 中值判断该条目所对应的节点。对于字典结构 I_2,每个条目的键是一个随机地址,不包含任何关于图结构的信息。I_2 中的值为一个由加密矩阵组成的列表,A_1 从中可以得知图结构中每个节点的邻接节点的数量,以上信息包含在泄露函数 L_1 中。由于条件 $|V_0| = |V_1|$,所有加密矩阵的行数都是相同的,同时所有加密矩阵的列数都是 2,因此 A_1 无法从加密矩阵的大小中获取关于图结构的信息。对于一个加密矩阵,其中所有的值都是 Paillier 加密方案的密文。由于 A_1 没有 Paillier 的私钥 sk,同时 Paillier 方案满足 IND-CPA 安全性,因此 A_1 无法根据加密矩阵中的密文获取任何关于图结构的信息。根据以上分析,A_1 无法根据安全索引 I 中获取的信息来推断 b 的值。

在对节点 v 进行好友推荐时,令牌 τ 中包含的值为两个伪随机函数,因此 A_1 无法在没有密钥 k_1 和 k_2 的情况下获取关于 v 的信息。在 Recommend 算法中,A_1 会得到一个密文矩阵 M',该矩阵的行数为图结构中节点的数量,列数为 2,且 M' 中的值为 Paillier 加密方案的密文,因此 A_1 无法根据 M' 的结构和内容推断出关于好友推荐结果的信息。在算法中,由于 A_2 拥有 Paillier 的私钥 sk,因此其可以解密 M'。从 M' 的第 2 列的明文中,A_2 可以得到图结构中每个节点和 v 的共同邻接节点的数量,以上信息包含在泄露函数 L_2 中。M' 的第 1 列的明文是图结构中的一个节点和一个随机数 r 相加的结果,因此 A_2 无法在不知道随机数 r 的情况下获取关于图结构的信息。另外,A_2 同时也可以根据 M' 的第 2 列的明文得知好友推荐结果中候选人的数量,以上信息包含在泄露函数 L_2 中。根据以上分析,A_1 无法根据令牌 τ 和 M' 中获取的信息来推断 b 的值,A_2 也无法根据 M' 和 R^* 中获取的信息来推断 b 的值。

综上所述,在真实环境实验中,A_1 和 A_2 都无法根据获取的信息来判断 b 的值,因此敌手的优势为可忽略的,即 $\text{Adv}(\text{Real}_A) = |\Pr[\text{Real}_A(\lambda) = 1] - 1/2| = negl(\lambda)$。

接下来构建模拟环境实验 $\text{Ideal}_{A,S}(\lambda, L_1, L_2)$。在模拟环境实验中,敌手 A_1、A_2 和模拟器 S 交互,交互的过程与真实环境实验相似,区别是 S 在交互中使用随机值代替算法中的计算结果。

S 首先生成 Paillier 方案的密钥对 (pk, sk) 和阈值 t,并将 pk 发送给 A_1,将 pk、sk 和 t 发送给 A_2。对于图结构 G_b,S 根据泄露函数 L_1 中的信息,生成模拟的安全索引 I^*。I^* 中的伪随机函数值被替换成随机数,Paillier 密文被替换成随机数的密文。在对一个节点 v 进行好友推荐时,S 首先判断该节点是否在历史记录中。如果该节点曾经被查询过,则返回之前的结果;如果该节点是第一次进行好友推荐,则生成由两个随机值组成的令牌 τ^*,其中 τ_1^* 为 I_1^* 中之前没有查询过的键,该键所对应的值和 τ_2^* 的异或值为一个 I_2^* 中之前没有查询过的键。如果 F 是安全的伪随机函数,那么 A_1 无法区分 F 的结果和随机数。如果 Paillier 满足 IND-CPA 安全性,那么 A_1 也无法区分 Paillier 密文和随机数。因此 A_1 无法从 I^* 和 τ^* 中获取任何有用的信息以判断 b 的值。根据以上分析,在模拟环境实验中,敌手的优势也是可忽略的,即 $\text{Adv}(\text{Ideal}_{A,S}) = |\Pr[\text{Ideal}_{A,S}(\lambda, L_1, L_2) = 1] - 1/2| = negl(\lambda)$。

综上所述,敌手在真实环境实验和模拟环境实验的优势都是可忽略的,因此敌手无法在多项式时间内区分两个时间,即 $|\Pr[\text{Real}_A(\lambda) = 1] - \Pr[\text{Ideal}_{A,S}(\lambda, L_1, L_2) = 1]| \leqslant negl(\lambda)$。根据以上分析结果,可以说明 PFR 方案满足自适应选择查询攻击安全性。

5.5 方案代价分析

本节分析 PFR 方案的存储代价、计算代价和通信代价。存储代价指的是安全索引 I 的大小;计算代价是指数据拥有者、云服务器和协同服务器的计算量;通信代价是指好友推荐过程中 3 个参与实体之间传输的数据量。由于目前使用类似方法的隐私保护的社交网络好友推荐方案较少,因此在本节中仅分析 PFR 方案本身的代价,在未来的工作中将和同类方案进行进一步对比。

为了方便描述,定义 mul 表示乘法运算,定义 exp 表示幂运算,定义 c 表示 Paillier 密文。Paillier 同态加密方案中加密操作的运算复杂度为 $O(1)\exp +$

$O(1)\mathrm{mul}$,解密操作的运算复杂度为 $O(1)\exp$,同态加法的计算复杂度为 $O(1)\mathrm{mul}$,同态乘法的计算复杂度为 $O(1)\exp$。

（1）存储代价

在安全索引 I 中,包含两个字典结构 I_1 和 I_2,其中 I_1 包含 m 个条目,每个条目的键为一个长度为 λ 的比特串,值为一个长度为 λ 的比特串;I_2 包含 m 个条目,每个条目的键为一个长度为 λ 的比特串,值为 $O(m)$ 个加密矩阵,每个矩阵包含 $2m$ 个 Paillier 密文。综上所述,PFR 方案的存储代价为 $O(m\lambda)\mathrm{bits}+O(m^2)\mathrm{c}$。

I_2 中每个值包含的加密矩阵数量是社交网络图结构中每个节点的邻接节点的数量,其理论最大值为图中节点数量 $m-1$。然而在实际应用中,每个节点的邻接数量通常远小于 m。设图结构在邻接节点数量的最大值为 n,其中 $n\ll m$,PFR 方案的存储代价为 $O(m\lambda)\mathrm{bits}+O(nm)\mathrm{c}$。

（2）计算代价

在生成安全索引时,DO 执行 Enc 算法需要进行 $2m$ 次伪随机函数、m 次异或操作、$O(m^2)$ 次 Paillier 加密操作。其中 Paillier 加密操作的数量在实际应用中可以视为 $O(nm)$,原因如上文所述。

在进行好友推荐时,DO 执行 TokenGen 算法生成令牌,需要进行 2 次伪随机函数和 m 次 Paillier 解密操作;C 执行 Recommend 算法需要进行 1 次异或操作、$O(m^2)$ 次同态加法和 $O(m)$ 次同态乘法,其中同态加法的数量在实际应用中可以视为 $O(nm)$;CS 执行 Recommend 算法需要进行 $O(m)$ 次 Paillier 解密操作和 $O(m)$ 次 Paillier 加密操作。由于异或操作和伪随机函数的计算量远小于 Paillier 加密、解密、同态加法和同态乘法,因此可以忽略。

综上所述,在生成安全索引时,DO 的计算代价为 $O(nm)\exp+O(nm)\mathrm{mul}$;在好友推荐时,DO 的计算代价为 $O(m)\exp$,C 的计算代价为 $O(nm)\mathrm{mul}+O(m)\exp$;CS 的计算代价为 $O(m)\exp+O(m)\mathrm{mul}$。

（3）通信代价

在进行好友推荐时,TokenGen 算法执行结束后,DO 向 C 发送 2 个长度为 λ 的比特串;Recommend 算法执行过程中,C 向 CS 发送 1 个矩阵,其中包含 $2m$ 个 Paillier 密文,向 DO 发送 1 个随机数;CS 向 DO 发送 m 个 Paillier 密文。综上所述,PFR 方案的通信代价为 $O(\lambda)\mathrm{bits}+O(m)\mathrm{c}$。

总结来说,PFR 方案的代价如表 5-2 所列。

表 5-2　PFR 方案代价

代价	数据拥有者(DO)	云服务器(C)	协同服务器(CS)
存储代价		$O(m\lambda)\text{bits}+O(nm)c$	
计算代价 （生成安全索引）	$O(nm)\exp+O(nm)\text{mul}$		
计算代价 （好友推荐）	$O(m)\exp$	$O(nm)\text{mul}+O(m)\exp$	$O(m)\exp+O(m)\text{mul}$
通信代价	$O(\lambda)\text{bits}$	$O(m)c$	$O(m)c$

5.6　仿真实验

本节编程实现 PFR 方案,然后使用现实生活中的社交网络图结构数据集进行仿真实验,最后对实验结果进行分析。编程和仿真实验的操作系统为 Windows 10,硬件条件为 Intel i7-7700K @ 4.20 GHz CPU、32 GB 内存,编程语言为 Python,Paillier 同态加密方案使用 Python 的 phe 库。

5.6.1　实验配置

在进行仿真实验时,使用 SNAP 的 soc-Slashdot0811 数据集[103],该数据集为 Slashdot 社交网络平台中的用户和好友信息,其中包含 77 360 个节点和 905 468 个边。为了测试 PFR 方案在面向不同大小的图结构时的性能,在实验时采用 soc-Slashdot0811 的不同大小子图作为实验的输入,每次实验的子图中节点的数量为 100～500,每次增长 100。下面分别从存储开销和计算开销两个方面对实验结果进行分析。

5.6.2　PFR 存储开销

PFR 方案的存储开销指的是安全索引 I 的大小,其中包含两个字典结构 I_1 和 I_2。PFR 方案的安全索引存储开销实验结果如图 5-4 所示,从图中可以看出,随着图结构中节点数量的增加,安全索引大小的增长速度略高于线性增长,但低于指数级增长,符合 5.5 节对存储代价的分析。另外,由于安全索引是存储在云服务器中的,不需要数据拥有者进行本地存储,因此在实际应用中,存储开销通常不是方案的重要性能指标。

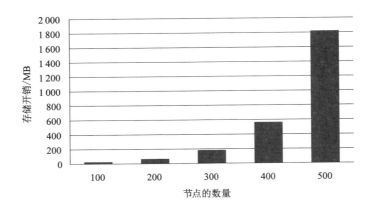

图 5-4   PFR 方案存储开销

5.6.3   PFR 方案计算开销

在对 PFR 方案进行计算开销实验时,主要关注方案中每个算法的计算时间。PFR 方案计算开销的实验结果如图 5-5 和图 5-6 所示,其中图 5-5 为 Enc 算法的计算开销,图 5-6 为 TokenGen、Recommend 和 Dec 算法的计算开销。由于 KeyGen 算法仅需执行一次,且可以离线进行,因此在实验中不考虑 Key-Gen 算法。

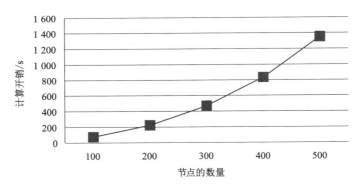

图 5-5   Enc 算法计算开销

从图 5-5 中可以看出,Enc 算法的计算开销随着图结构中节点数量增加而增加。对于有 500 个节点的图结构,Enc 算法仅需要 1 351.566 s 生成安全索引。对于同一个社交网络图结构来说,Enc 算法只需要执行一次,因此本章提出的 PFR 方案的安全索引生成时间是可接受的。另外，对于大规模的图结构，例如包含上百万节点的图结构，可以使用并行计算等技术大幅减少 Enc 算法所需的时间，因为 Enc 算法是高度可并行的。

对于一次好友推荐操作，PFR 方案需要执行 TokenGen、Recommend 和 Dec 三个算法。在进行实验时，好友推荐过程随机进行 100 次，并取计算所需时间的平均值作为实验结果。从图 5-6 中可以看出，这三个算法所需的计算时间很少，可以满足现实应用场景中的高效性需求。

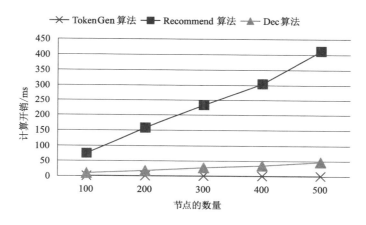

图 5-6　TokenGen、Recommend 和 Dec 算法计算开销

根据 5.3.3 节的算法描述，在 TokenGen 算法中，对于一个好友推荐请求，DO 仅需要执行 2 次伪随机函数的计算，与社交网络图结构中节点的数量无关。因此 TokenGen 算法的计算时间是固定的，不随着图结构中节点的增加而变化，符合实验结果。

Recommend 算法是好友推荐过程中最耗时的算法，由 C 和 CS 共同完成。根据 5.5 节的代价分析，在算法中 C 需要进行 $O(nm)$ 次同态加法和 $O(m)$ 次同态乘法，CS 需要进行 $O(m)$ 次 Paillier 加密和解密操作，其中 m 是图结构中节点的数量，n 是图结构中所有节点的邻接节点数量的最大值。在实验数据集中，n 远小于 m，因此在实验结果中，Recommend 算法所需要的时间和图结构中节点的数量几乎成线性增长的关系。

Dec 算法由 DO 执行，根据 5.5 节的分析，该算法的计算代价与图结构中节点的数量成线性增长关系。从图 5-6 中可以看出，实验结果符合理论分析结果，并且 Dec 算法的计算过程十分快速，在实验中的平均时间少于 50 ms。

　　根据以上实验结果,可以看出 PFR 方案对于中小型的图结构来说,可以实现高效的好友推荐过程,如 500 个节点的图结构,单次好友推荐时间少于 500 ms,可以满足实际应用中的高效性需求。图结构加密的过程相对较慢,但由于该计算仅需进行一次,且可以离线进行,同时可以使用多线程计算或集群计算等技术进一步减少计算时间,因此在实际应用中也是可接受的。

5.7　本章小结

　　本章提出了一种社交网络中隐私保护的好友推荐方案(PFR 方案),支持数据拥有者为社交网络图结构数据加密并构建安全索引,并将安全索引存储在远程服务器中,允许远程服务器与协同服务器在安全索引上进行密文计算,输出满足要求的好友集合。本章首先给出了 PFR 方案的模型,包括形式化定义和安全性定义,然后对方案的算法进行了详细阐述;随后对方案进行了正确性证明和安全性证明,表明方案满足自适应选择查询攻击安全性;最后,分析了方案的存储代价、计算代价和通信代价,并使用真实的社交网络图结构数据集对方案进行了仿真实验,实验结果分析表明方案具有高效的好友推荐执行效率。

第 6 章 总结与展望

6.1 工作总结

随着社交网络的快速发展,使用社交网络平台维持日常的社交活动,已经成为很多人日常生活中不可或缺的一部分。社交网络平台为用户提供了丰富的社交功能,例如在线交友、文件共享、信息发布等。同时为了更好地对用户进行定位和筛选,以实现更好的服务质量,社交网络平台呈现出垂直化的发展趋势,不同的社交网络平台专注于向特定的群体提供针对性服务。在以上发展背景下,人们不再使用单一的社交网络平台,而是同时使用多个社交网络平台以满足不同的社交需求。

然而人们在使用社交网络服务的同时,也将大量的个人信息发布到了社交网络平台中,这些信息保存在社交网络服务商的服务器中。虽然此类信息通常被默认为可公开的信息,但如果有恶意的用户或组织对这些信息进行恶意的利用,将对用户的个人隐私造成破坏,可能会导致严重的后果。因此,社交网络平台中面临着严峻的隐私泄露问题。近年来全球社交网络隐私泄露事件频发,对现实社会造成了大量的不良影响。

在大数据的环境下,社交网络中通常包含海量的数据,其中蕴含着大量的商业价值和研究价值,因此社交网络数据挖掘成为目前工业界和学术界的热门研究领域之一,被广泛应用于社交网络好友推荐、广告推送等实际应用。由于社交网络中存在隐私泄露问题,在进行数据挖掘时需要对社交网络数据采取必要的隐私保护措施,因此近年来国内外学者提出了很多面向社交网络的密文计算与隐私保护技术。本书围绕社交网络中的若干问题,对社交网络环境下密文计算与隐私保护关键技术展开研究,主要研究工作和成果如下:

（1）针对面向多个社交网络进行聚合数据挖掘的场景，提出了一种社交网络中密态图结构计算与隐私保护协议，能够在隐私保护的前提下将两个社交网络图结构进行聚合，聚合的方式包括交集运算和并集运算，可以应用于社交网络社区发现等应用场景。首先描述了协议的形式化定义和安全性定义，然后给出了基于同态加密的协议构建方法；接下来对协议进行了正确性和安全性分析，证明了协议能够满足隐私保护性；最后从计算代价和通信代价两个方面对协议进行了代价分析，并进行了仿真实验。

（2）针对面向社交网络数据挖掘中常用的 Top-k 近邻关键词搜索问题，提出了一种社交网络环境中 Top-k 近邻关键词搜索方案，能够允许一个社交网络服务商将社交网络数据进行加密，并外包存储至不可信任的第三方云服务器，同时保持对密态社交网络数据的 Top-k 近邻关键词搜索功能。首先对方案的模型架构进行了设计，并定义了方案的算法构成；然后使用 2-hop 标签和字典结构等关键技术给出了方案的详细构建，并在半诚实的威胁模型下对方案进行了严格的安全性证明，同时基于泄露函数分析了方案的信息泄露问题；最后对方案的效率进行了分析和仿真实验，并从存储开销、计算开销和通信开销三个方面对实验结果进行了分析。

（3）针对面向社交网络中常用的好友推荐应用，提出了一种社交网络环境中基于图结构的好友推荐方案，能够允许社交网络服务商将社交网络数据进行加密云存储，同时支持隐私保护的好友推荐计算。首先给出了方案的形式化定义和安全性定义，包括方案中包含的算法和安全模型；然后使用同态加密和字典结构等关键技术对方案进行了构建，同时证明了方案满足自适应选择查询攻击安全性；最后对方案的存储代价和计算代价进行了分析，同时进行了仿真实验，分析结果表明方案能够在保护隐私的前提下实现高效的好友推荐。

6.2　工作展望

本书围绕社交网络环境中的多种数据安全和隐私保护问题展开了深入的研究，并形成了一定的研究成果。然而本书的工作成果还不是十分完善，尤其是在应用性方面，距应用到现实场景还有一定的差距，仍然存在着很大的改进空间。在未来的研究工作中，将从以下几个方面进行进一步研究：

（1）本书提出的社交网络中密态图结构计算与隐私保护协议能够在半诚实的威胁模型下实现隐私保护性，但无法适用于更加安全的恶意威胁模型。在后续研究中，将研究如何提升方案的安全性，以应对恶意的敌手对方案进行攻击。同时，提出的协议在效率方面存在缺陷，在面向大规模社交网络图结构时需要消耗大量的计算时间和通信带宽，因此还需要研究如何进一步提升协议的效率，降低协议的计算复杂度和通信复杂度，以满足现实应用场景中的高效性需求。

（2）本书提出的社交网络环境中 Top-k 近邻关键词搜索方案在搜索语句表达性方面存在不足，搜索语句表达性较为单一，无法支持多关键词搜索和布尔搜索等搜索类型。在后续研究工作中，拟对安全索引的构建方式进行改进，使其能够支持更加丰富的搜索类型。另外在安全性方面，方案在搜索过程中泄露了搜索模式和访问模式，因此需要进一步研究如何避免这些泄露。另一个后续研究方向为使方案支持图结构的动态更新，包括对节点和边的添加和删除等操作，以更加适用于现实应用场景。

（3）本书提出的社交网络环境中基于图结构的好友推荐方案仅能在半诚实的威胁模型下保证安全性，同时方案存在部分隐私泄露问题。在今后的研究工作中，将重点研究如何提高方案的安全性，使其能够满足恶意威胁模型下的安全性，同时减少方案的隐私泄露。另外，拟研究基于用户属性相似度匹配的隐私保护好友推荐方案，与提出的方案进行互补，实现更加灵活且准确的好友推荐过程，提高方案在不同实际应用场景的适用性。

参 考 文 献

[1] KIM J,HASTAK M. Social network analysis:characteristics of online so-cial networks after a disaster[J]. International journal of information man-agement,2018,38(1):86-96.

[2] CLARK J L,ALGOE S B,GREEN M C. Social network sites and well-be-ing:the role of social connection[J]. Current directions in psychological science,2018,27(1):32-37.

[3] 智研咨询. 2021—2027 年中国社交网络行业市场运营格局及投资风险评估报告[R/OL]. (2020.12.30)[2020-12-30]. https://www.chyxx.com/re-search/201805/635968.html.

[4] TABASSUM S,PEREIRA F S F,FERNANDES S,et al. Social network a-nalysis:an overview[J]. Wiley interdisciplinary reviews:data mining and knowledge discovery,2018,8(5):e1256.

[5] CAN U,ALATAS B. A new direction in social network analysis:online social network analysis problems and applications[J]. Physica A:statistical mechanics and its applications,2019,535:122372.

[6] ZHENG X,LUO G C,CAI Z P. A fair mechanism for private data publica-tion in online social networks[J]. IEEE transactions on network science and engineering,2018,7(2):880-891.

[7] GAO T C,LI F. Privacy-preserving sketching for online social network da-ta publication[C]//2019 16th Annual IEEE International Conference on Sensing,Communication,and Networking. IEEE,2019:1-9.

[8] SU J,CAO Y,CHEN Y H. Privacy preservation based on key attribute and structure generalization of social network for medical data publication

[C]//Intelligent Computing Theories and Application,2019:388-399.

[9] CHEN J Y,HE J P,CAI L,et al. Disclose more and risk less:privacy preserving online social network data sharing[J]. IEEE transactions on dependable and secure computing,2018,17(6):1173-1187.

[10] ZHOU B,PEI J,LUK W. A brief survey on anonymization techniques for privacy preserving publishing of social network data[J]. ACM SIGKDD explorations newsletter,2008,10(2):12-22.

[11] SAMARATI P,SWEENEY L. Protecting privacy when disclosing information:k-anonymity and its enforcement through generalization and suppression. [C]//Proc of the IEEE Symposium on Research in Security and Privacy. [S. l:s. n],1998:384-393.

[12] HAO Y F,CAO H P,HU C,et al. K-anonymity for social networks containing rich structural and textual information[J]. Social network analysis and mining,2014,4(1):1-40.

[13] HAY M,MIKLAU G,JENSEN D, et al. Anonymizing social networks [J]. Computer science department faculty publication series,2007:180.

[14] LIU K,TERZI E. Towards identity anonymization on graphs[C]//Proceedings of the 2008 ACM SIGMOD International Conference on Management of Data. [S. l:s. n],2008:93-106.

[15] ZHOU B,PEI J. Preserving privacy in social networks against neighborhood attacks[C]//2008 IEEE 24th International Conference on Data Engineering. IEEE,2008:506-515.

[16] LEI Z,LEI C,TAMER Ö M. K-automorphism:a general framework for privacy preserving network publication[J]. Proceedings of the VLDB endowment,2009,2(1):946-957.

[17] HAY M,MIKLAU G,JENSEN D,et al. Resisting structural re-identification in anonymized social networks[J]. The VLDB journal,2010,19(6):797-823.

[18] LIU C G,LIU I H,YAO W S,et al. K-anonymity against neighborhood attacks in weighted social networks[J]. Security and communication networks,2015,8(18):3864-3882.

[19] YUAN J,OU Y Y,GU G S. An improved privacy protection method

based on k-degree anonymity in social network[C]//2019 IEEE International Conference on Artificial Intelligence and Computer Applications. IEEE,2019:416-420.

[20] LIU P,BAI Y,WANG L,et al. Partial k-anonymity for privacy-preserving social network data publishing[J]. International journal of software engineering and knowledge engineering,2017,27(1):71-90.

[21] VADISALA J,VATSAVAYI V K. Challenges in social network data privacy[J]. International journal of computational intelligence research,2017,13(5):965-979.

[22] LIU L,WANG J,LIU J,et al. Privacy preserving in social networks against sensitive edge disclosure:technical report technical report CMIDA-HiPSCCS 006-08,department of computer science[R]. Lexington:University of Kentucky,2008.

[23] YING X W,WU X T. Randomizing social networks:a spectrum preserving approach[C]//Proceedings of the 2008 SIAM International Conference on Data Mining. Philadelphia,PA:Society for Industrial and Applied Mathematics.[S.l:s.n],2008:739-750.

[24] 许黎明,强小强,宋转. 谱半径和特征显著性约束的随机化社会网络方法[J].计算机应用,2012,32(2):485-488.

[25] XUE M Q,KARRAS P,CHEDY R,et al. Delineating social network data anonymization via random edge perturbation[C]//Proceedings of the 21st ACM International Conference on Information and Knowledge Management.[S.l:s.n],2012:475-484.

[26] MITTAL P,PAPAMANTHOU C,SONG D. Preserving link privacy in social network based systems[J]. arXiv preprint,arXiv:1208.6189,2012.

[27] BRANKOVIC L,LÓPEZ N,MILLER M,et al. Triangle randomization for social network data anonymization[J]. Ars mathematica contemporanea,2014,7(2):461-477.

[28] MILANI FARD A,WANG K. Neighborhood randomization for link privacy in social network analysis[J]. World wide web,2015,18(1):9-32.

[29] AKHTAR N,AHAMAD M V. Graph tools for social network analysis[M]//Research anthology on digital transformation, organizational

change, and the impact of remote work. Hershey: IGI Global, 2021: 485-500.

[30] RONG H, MA T H, TANG M L, et al. A novel subgraph K^+-isomorphism method in social network based on graph similarity detection[J]. Soft computing, 2018, 22(8): 2583-2601.

[31] LAI S Q, YUAN X L, SUN S F, et al. GraphSE^2: an encrypted graph database for privacy-preserving social search[C]//Proceedings of the 2019 ACM Asia Conference on Computer and Communications Security. [S. l: s. n], 2019: 41-54.

[32] KERSCHBAUM F, SCHAAD A. Privacy-preserving social network analysis for criminal investigations[C]//Proceedings of the 7th ACM Workshop on Privacy in the Electronic Society. [S. l: s. n], 2008: 9-14.

[33] ZHAN J, BLOSSER G, YANG C, et al. Privacy-preserving collaborative social net-works[C]//International Conference on Intelligence and Security Informatics. Springer, Berlin, Heidelberg, 2008: 114-125.

[34] BLOSSER G, ZHAN J. Privacy preserving collaborative social network [C]//2008 International Conference on Information Security and Assurance (isa 2008). IEEE, 2008: 543-548.

[35] JECKMANS A, TANG Q, HARTEL P. Privacy-preserving profile matching using the social graph[C]//2011 International Conference on Computational Aspects of Social Networks (CASoN). IEEE, 2011: 42-47.

[36] XIE P T, XING E. CryptGraph: privacy preserving graph analytics on encrypted graph[J]. arXiv preprint, arXiv: 1409. 5021, 2014.

[37] KUKKALA V B, SAINI J S, IYENGAR S R S. Privacy preserving network analysis of distributed social networks[C]//International Conference on Information Systems Security. Springer, Cham, 2016: 336-355.

[38] GAO C Z, CHENG Q, LI X, et al. Cloud-assisted privacy-preserving profile-matching scheme under multiple keys in mobile social network[J]. Cluster computing, 2019, 22(1): 1655-1663.

[39] XU J, WANG A D, WU J, et al. SPCSS: social network based privacy-preserving criminal suspects sensing[J]. IEEE transactions on computational social systems, 2020, 7(1): 261-274.

［40］WANG Y L,WANG J F,CHEN X F. Secure searchable encryption:a survey[J]. Journal of communications and information networks,2016, 1(4):52-65.

［41］SONG D X,WAGNER D,PERRIG A. Practical techniques for searches on encrypted data[C]//Proceeding 2000 IEEE Symposium on Security and Privacy. [S. l:s. n],2000:44-55.

［42］RYU E K,TAKAGI T. Efficient conjunctive keyword-searchable encryption[C]//21st International Conference on Advanced Information Networking and Applications Workshops (AINAW'07),2007:409-414.

［43］LAI S Q,PATRANABIS S,SAKZAD A,et al. Result pattern hiding searchable encryption for conjunctive queries[C]//Proceedings of the 2018 ACM SIGSAC Conference on Computer and Communications Security. [S. l:s. n],2018:745-762.

［44］CHEN Z H,WU C Y,WANG D S,et al. Conjunctive keywords searchable encryption with efficient pairing, constant ciphertext and short trapdoor[C]//Pacific-Asia Workshop on Intelligence and Security Informatics. Berlin:Springer,2012:176-189.

［45］MOATAZ T,SHIKFA A. Boolean symmetric searchable encryption [C]//Proceedings of the 8th ACM SIGSAC Symposium on Information, Computer and Communications Security. [S. l:s. n],2013:265-276.

［46］SUN S F,LIU J K,SAKZAD A,et al. An efficient non-interactive multi-client searchable encryption with support for Boolean queries[J]. ESO-RICS,2016(1):154-172.

［47］WANG Y L,WANG J F,SUN S F,et al. Towards multi-user searchable encryption supporting Boolean query and fast decryption[J]. Journal of universal computer science,2019,25(3):222-244.

［48］GUO C,CHEN X,JIE Y M,et al. Dynamic multi-phrase ranked search over encrypted data with symmetric searchable encryption[J]. IEEE transactions on services computing,2020,13(6):1034-1044.

［49］FU Z J,SUN X M,LIU Q,et al. Achieving efficient cloud search services:multi-keyword ranked search over encrypted cloud data supporting parallel computing[J]. IEICE transactions on communications,2015,98-B

(1): 190-200.

[50] GUAN Z T, LIU X Y, WU L F, et al. Cross-lingual multi-keyword rank search with semantic extension over encrypted data[J]. Information sciences, 2020, 514: 523-540.

[51] CHAI Q, GONG G. Verifiable symmetric searchable encryption for semi-honest-but-curious cloud servers[C]//2012 IEEE International Conference on Communications (ICC). IEEE, 2012: 917-922.

[52] LIU Z L, LI T, LI P, et al. Verifiable searchable encryption with aggregate keys for data sharing system[J]. Future generation computer systems, 2018, 78: 778-788.

[53] LIU X Q, YANG G M, MU Y, et al. Multi-user verifiable searchable symmetric encryption for cloud storage[J]. IEEE transactions on dependable and secure computing, 2018, 17(6): 1322-1332.

[54] LI J, WANG Q, WANG C, et al. Fuzzy keyword search over encrypted data in cloud computing [C]//2010 Proceedings IEEE INFOCOM. IEEE, 2010: 1-5.

[55] YANG Y, LIU X M, DENG R H, et al. Flexible wildcard searchable encryption system[J]. IEEE transactions on services computing, 2020, 13 (3): 464-477.

[56] ZHANG M W, CHEN Y, HUANG J J. SE-PPFM: a searchable encryption scheme supporting privacy-preserving fuzzy multikeyword in cloud systems[J]. IEEE systems journal, 2020, 15(2): 2980-2988.

[57] CURTMOLA R, GARAY J, KAMARA S, et al. Searchable symmetric encryption: improved definitions and efficient constructions [C]//Proceedings of the 13th ACM Conference on Computer and Communications Security. [S. l: s. n], 2006: 79-88.

[58] BOST R. $\sum o\varphi o\varsigma$: forward secure searchable encryption[C]//Proceedings of the 2016 ACM SIGSAC Conference on Computer and Communications Security. [S. l: s. n], 2016: 1143-1154.

[59] BOST R, MINAUD B, OHRMENKO O. Forward and backward private searchable encryption from constrained cryptographic primitives[C]// Proceedings of the 2017 ACM SIGSAC Conference on Computer and

Communications Security. [S. l: s. n],2017:1465-1482.

[60] CASH D,JAEGER J,JARECKI S,et al. Dynamic searchable encryption in very-large databases: data structures and implementation [C]//Proceedings of the 2014 Network and Distributed System Security Symposium. [S. l: s. n],2014:23-26.

[61] KAMARA S,MOATAZ T. Boolean searchable symmetric encryption with worst-case sub-linear complexity [M]//Lecture notes in computer science. Cham: Springer International Publishing,2017:94-124.

[62] CAO N,YANG Z Y,WANG C,et al. Privacy-preserving query over encrypted graph-structured data in cloud computing [C]//2011 31st International Conference on Distributed Computing Systems. IEEE,2011:393-402.

[63] MENG X R,KAMARA S,NISSIM K,et al. GRECS: graph encryption for approximate shortest distance queries [C]//Proceedings of the 22nd ACM SIGSAC Conference on Computer and Communications Security. [S. l: s. n],2015:504-517.

[64] WANG Q,REN K,DU M X,et al. SecGDB: graph encryption for exact shortest distance queries with efficient updates [M]//Financial cryptography and data security. Cham: Springer International Publishing,2017:79-97.

[65] SHEN M,MA B L,ZHU L H,et al. Cloud-based approximate constrained shortest distance queries over encrypted graphs with privacy protection [J]. IEEE transactions on information forensics and security,2017,13(4):940-953.

[66] LIU C,ZHU L H,HE X J,et al. Enabling privacy-preserving shortest distance queries on encrypted graph data [J]. IEEE transactions on dependable and secure computing,2021,18(1):192-204.

[67] WU B,CHEN X Y,ZHANG C C,et al. Privacy-protection path finding supporting the ranked order on encrypted graph in big data environment [J]. IEEE access,2020,8:214596-214604.

[68] ZHANG C,ZHU L H,XU C,et al. PGAS: Privacy-preserving graph encryption for accurate constrained shortest distance queries [J]. Informa-

tion sciences,2020,506:325-345.

[69] LIU C,ZHU L H,CHEN J J. Graph encryption for top-K nearest key-word search queries on cloud[J]. IEEE transactions on sustainable computing,2017,2(4):371-381.

[70] CHASE M,KAMARA S. Structured encryption and controlled disclosure [M]//Advances in Cryptology—ASIACRYPT 2010. Berlin,Heidelberg: Springer Berlin Heidelberg,2010:577-594.

[71] CHENG J,ZHANG Y Y,YE Q,et al. High-precision shortest distance estimation for large-scale social networks[C]//IEEE INFOCOM 2016—The 35th Annual IEEE International Conference on Computer Communications. IEEE,2016:1-9.

[72] ZHU H,WU B,XIE M Y. Privacy-preserving ranked neighbor query over encrypted graph data in the cloud[J]. Security and communication networks,2016,9(16):3167-3177.

[73] OUARET R,BIRREGAH B,JAAFOR O. Spatial patterns of the French rail strikes from social networks using weighted k-nearest neighbour[J]. International journal of social network mining,2020,3(1):52-76.

[74] JIN P,GAO Y,CHEN L,et al. Efficient group processing for multiple reverse top-k geo-social keyword queries[C]//International Conference on Database Systems for Advanced Applications. Cham:Springer International publishing,2020:279-287.

[75] AKIBA T,IWATA Y,YOSHIDA Y. Fast exact shortest-path distance queries on large networks by pruned landmark labeling[C]//Proceedings of the 2013 ACM SIGMOD International Conference on Management of Data. [S. l:s. n],2013:349-360.

[76] KATZ J,LINDELL Y. Introduction to modern cryptography[M]. [S. l]: Chapman and Hall/CRC,2014.

[77] SCHUEFFEL P,GROENEWEG N,BALDEGGER R. The crypto encyclopedia[M]. [S. l]:Growth publisher, 2019.

[78] MERKLE R C. A digital signature based on a conventional encryption function[C]//Advances in Cryptology—CRYPTO ' 87. Berlin,Heidelberg:Springer Berlin Heidelberg,1988:369-378.

[79] JOHNSON D，MENEZES A，VANSTONE S. The elliptic curve digital signature algorithm（ECDSA）[J]. International journal of information security，2001，1（1）：36-63.

[80] ABDALLA M，REYZIN L. A new forward-secure digital signature scheme[C]//International Conference on the Theory and Application of Cryptology and Information Security，2000：116-129.

[81] GASSEND B，SUH G E，CLARKE D，et al. Caches and hash trees for efficient memory integrity verification[C]//The Ninth International Symposium on High-Performance Computer Architecture，2003. IEEE，2003：295-306.

[82] LIU C，YANG C，ZHANG X Y，et al. External integrity verification for outsourced big data in cloud and IoT：a big picture[J]. Future generation computer systems，2015，49：58-67.

[83] ERWAY C C，KÜPÇÜ A，PAPAMANTHOU C，et al. Dynamic provable data possession[J]. ACM transactions on information and system security，2015，17（4）：1-29.

[84] ATENIESE G，PIETRO R D，MANCINI L V，et al. Scalable and efficient provable data possession[C]//Proceedings of the 4th international conference on security and privacy in communication networks. [S. l：s. n]，2008：1-10.

[85] GENTRY C. Fully homomorphic encryption using ideal lattices[C]//Proceedings of the Forty-First Annual ACM Symposium on Theory of Computing. [S. l：s. n]，2009：169-178.

[86] BRAKERSKI Z，GENTRY C，VAIKUNTANATHAN V.（leveled）fully homomorphic encryption without bootstrapping[J]. ACM transactions on computation theory，2014，6（3）：1-36.

[87] BRAKERSKI Z，VAIKUNTANATHAN V. Efficient fully homomorphic encryption from（standard）LWE[J]. SIAM journal on computing，2014，43（2）：831-871.

[88] BRAKERSKI Z. Fully homomorphic encryption without modulus switching from classical GapSVP[C]//Advances in Cryptology—CRYPTO 2012. [S. l：s. n]，2012：868-886.

[89] PAILLIER P. Public-key cryptosystems based on composite degree resid-uosity classes[C]//Advances in Cryptology—EUROCRYPT'99. Berlin, Heidelberg:Springer Berlin Heidelberg,1999:223-238.

[90] BONEH D,GOH E J,NISSIM K. Evaluating 2-DNF formulas on cipher-texts [C]//Theory of Cryptography Conference. Berlin, Heidelberg: Springer Berlin Heidelberg,2005: 325-341.

[91] GOLDWASSER S,MICALI S. Probabilistic encryption[J]. Journal of computer and system sciences,1984,28(2):270-299.

[92] GOH E J. Secure indexes[J]. IACR Cryptology ePrint Archive, Volume 2003,2003: 216.

[93] CHANG Y C,MITZENMACHER M. Privacy preserving keyword sear-ches on remote encrypted data[M]//Applied Cryptography and Network Security. Berlin,Heidelberg:Springer Berlin Heidelberg,2005:442-455.

[94] YAO A C. Protocols for secure computations[C]//23rd Annual Symposi-um on Foundations of Computer Science (sfcs 1982). IEEE, 1982: 160-164.

[95] CRISTOFARO E,TSUDIK G. Practical private set intersection protocols with linear complexity[C]//International Conference on Financial Cryp-tography and Data Security,2010:143-159.

[96] DACHMAN-SOLED D,MALKIN T,RAYKOVA M,et al. Efficient ro-bust private set intersection[C]//Applied cryptography and network se-curity. Berlin,Heidelberg:Springer Berlin Heidelberg,2009:125-142.

[97] PINKAS B,ROSULEK M,TRIEU N,et al. SpOT-light:lightweight pri-vate set intersection from sparse OT extension[C]//Advances in Cryp-tology—CRYPTO 2019,2019: 401-431.

[98] CHEN H,LAINE K,RINDAL P. Fast private set intersection from ho-momorphic encryption[C]//Proceedings of the 2017 ACM SIGSAC Con-ference on Computer and Communications Security. [S. l:s. n],2017: 1243-1255.

[99] GARAY J,SCHOENMAKERS B,VILLEGAS J. Practical and secure so-lutions for integer comparison [C]//Public Key Cryptography—PKC 2007,2007: 330-342.

[100] BOURSE F,SANDERS O,TRAORÉ J. Improved secure integer comparison via homomorphic encryption[C]//Topics in Cryptology-CT-RSA 2020,2020:391-416.

[101] CARLTON R,ESSEX A,KAPULKIN K. Threshold properties of prime power subgroups with application to secure integer comparisons[C]//Topics in Cryptology-CT-RSA 2018,2018:137-156.

[102] VEUGEN T. Improving the DGK comparison protocol[C]//2012 IEEE International Workshop on Information Forensics and Security. IEEE,2012:49-54.

[103] GOLDREICH O. Foundations of cryptography:volume 2,basic applications[M].[S. l]:Cambridge University Press,2009.

[104] JURE LESKOVEC,ANDREJ KREVL. SNAP datasets:stanford large network dataset collection[EB/OL]. (2014-06-01)[2021-06-15]. http://snap. stanford. edu/.

[105] JIANG M H,FU A W C,WONG R C W. Exact top-k nearest keyword search in large networks[C]//Proceedings of the 2015 ACM SIGMOD International Conference on Management of Data. [S. l:s. n],2015:393-404.

[106] ZHU Q K,CHENG H,HUANG X. I/O-efficient algorithms for top-k nearest keyword search in massive graphs[J]. The VLDB journal,2017,26(4):563-583.

[107] WANG Z B,LIAO J L,CAO Q,et al. Friendbook:a semantic-based friend recommendation system for social networks[J]. IEEE transactions on mobile computing,2014,14(3):538-551.

[108] YU Z,WANG C,BU J J,et al. Friend recommendation with content spread enhancement in social networks[J]. Information sciences,2015,309:102-118.

[109] GUO L K,ZHANG C,FANG Y G. A trust-based privacy-preserving friend recommendation scheme for online social networks[J]. IEEE transactions on dependable and secure computing,2014,12(4):413-427.

[110] CHENG S L,ZHANG B F,ZOU G B,et al. Friend recommendation in social networks based on multi-source information fusion[J]. Interna-

tional journal of machine learning and cybernetics，2019，10（5）：
1003-1024.

[111] MA X D，MA J F，LI H，et al. ARMOR：a trust-based privacy-preserving
framework for decentralized friend recommendation in online social net-
works[J]. Future generation computer systems，2018，79：82-94.

[112] XU C H，DING A S，LIAO S S. A privacy-preserving recommendation
method based on multi-objective optimisation for mobile users[J]. In-
ternational journal of bio-inspired computation，2020，16(1)：23-32.